180
SUDOKU

EASY PUZZLES

Collin Deloach

Your mission

is to solve the puzzle by filling in the empty cells with numbers from 1 to 9 without repetition in each row, column, and sub-grid.

The goal is to use logic and deduction to find the missing numbers and complete the puzzle.

						3		2
				8		4	9	1
	1				3			
2			7	4	1	9		6
6			8	9	2			7
9		1	6	3	5			4
			4				8	
8	4	6		7				
7		9						

Without repetition in each sub-grid

Without repetition in each column

						3		2
				8		4	9	1
	1				3	5		
2						9		6
6			8		2	1		7
9		1				8		4
			4			7	8	
8	4	6		7		2		
7		9				6		

						3		2
				8		4	9	1
	1				3			
2						9		6
6			8		2			7
9		1						4
1	2	3	4	5	6	7	8	9
8	4	6		7				
7		9						

Without repetition in each row

enjoy!

Puzzles

Easy # 1

	9		7	4	2		5	
4					1	7	9	
		5	6	8				
3	2		1	5				
9	5						7	1
				7	3		4	5
			9	8	4			
	4	9	3					2
	8		4	6	5		3	

See the solution on page 97.

Easy # 2

8					3	6	2	
		3			7			8
	5					7	1	
5		1		4		8		7
	2		5		9		6	
9		8		3		2		5
	9	5					8	
6			8			4		
	8	4	9					2

See the solution on page 97.

Easy # 3

5			2					9
9						1	5	3
	1		9	5		6	2	4
				9	4		1	
			8		6			
	9		3	7				
3	5	9		6	2		7	
6	2	7						5
8					5			6

See the solution on page 97.

Easy # 4

	4					6	1	
		6		3	7			8
1			6	9				7
4		9			1		3	
2		1		6		8		5
	6		9			7		1
9				4	6			2
7			3	8		9		
	8	4					7	

See the solution on page 97.

Easy # 5

8			5	1	9			6
				4	8	5		
5		4	6				7	
				3	6		9	5
9	4						2	3
7	6		2	9				
	5				2	3		4
		9	1	8				
4			3	5	7			9

See the solution on page 97.

Easy # 6

				1				
8	2		3		9	7		5
		9	7				3	
3		7	6				5	1
	1	4	5		8	3	9	
9	6				4	8		2
	7				1	6		
6		1	4		7		8	9
				6				

See the solution on page 97.

Easy # 7

8			9	3			5	
7	4			2	8	6	1	
5	9	6		1				
						4	7	6
1								2
9	6	7						
				6		8	3	7
	5	8	7	4			6	1
	7			8	9			5

See the solution on page 98.

Easy # 8

	4		2	7		1	5	
3			5			4	8	
	1	5						
6	2			5	7			
		9	6	3	4	5		
			8	2			3	6
						2	1	
	9	1			5			8
	5	7		6	2		9	

See the solution on page 98.

Easy # 9

6	7			3		1	9	
				5	8			
	2		1					7
9				1		5	7	
4	5	1		6		3	2	8
	3	2		8				6
8					1		5	
			5	4				
	1	9		7			4	2

See the solution on page 98.

Easy # 10

		6	7	1				
7	3		6				9	
1		2		8	9			6
8		1	2		5			3
				4				
9			1		6	2		4
2			5	7		4		1
	6				1		3	7
				6	8	5		

See the solution on page 98.

Easy # 11

	9		2			7	6	
				1			8	7
8		6	4	5			2	
9	4				8			5
	5			9			3	
7			6				9	2
	1			3	9	2		6
2	8			6				
		9	1		2		4	

See the solution on page 98.

Easy # 12

1	4			2	3		7	
							1	4
7	9				4	6		
			2	4		8	3	
4			7	6	8			5
	6	8		3	9			
		9	4				5	1
3	1							
	5		3	8			4	2

See the solution on page 98.

Easy # 13

4	8				9	2		7
		7			8			
9	3		7			4		
1	4	2					9	
	5	9				1	3	
	6					5	4	8
		6			1		2	4
			2			9		
2		4	9				1	3

See the solution on page 99.

Easy # 14

		8				7		
6			5		2	9		4
					4		8	6
1			4		6	8	9	
9	8			3			4	2
	2	4	8		1			5
3	1		6					
4		9	3		7			8
		7				5		

See the solution on page 99.

Easy # 15

7		6						
2		1	6					5
3	4	9				1	7	
			3	7			1	2
1			4		5			7
4	2			8	9			
	1	4				7	8	9
6					4	2		1
						5		4

See the solution on page 99.

Easy # 16

2		7	4		5			
		9				6	8	
8	4			1	6	5	2	
7					3	8	4	
4								5
	5	8	7					6
	2	4	8	7			5	3
	7	1				4		
			3		4	1		2

See the solution on page 99.

Easy # 17

8	9		5			7	4	
4				1				
			8		9	3		
	3				5	8		6
6	5			7			3	4
9		4	6				7	
		9	7		2			
				6				3
		1	9		3		2	5

See the solution on page 99.

Easy # 18

9	7							
1			4	2			3	
		2		6	9	4	1	
5	1	9	7			3		6
8		7			6	9	2	5
	8	1	6	3		7		
	9			4	1			3
							5	2

See the solution on page 99.

Easy # 19

	9		2	4		3		
7	5	6			9			4
		3	1		7		9	
		8					3	9
		2				4		
1	6					7		
	8		7		2	6		
3			4			8	5	2
		4		8	3		1	

See the solution on page 100.

Easy # 20

5	2			4		6		
1	4				9	2	8	
					7			1
			3	5			6	4
	3		4	9	6		7	
4	6			7	1			
9			7					
	5	2	6				4	8
		4		8			3	2

See the solution on page 100.

Easy # 21

	6			5		3		9
3			8	1		6		
	4						5	2
			2	9			7	3
	3	1		4		2	6	
4	2		3	8				
2	1					9		
		6		7	4			1
8		3		6			2	

See the solution on page 100.

Easy # 22

3			5		8	7		
4		8		9	6		2	
	7					8		
	3		4			6	8	
1		5		6		9		7
	8	2			7		1	
		7				6		
	6		2	5		1		4
		4	6		3			8

See the solution on page 100.

Easy # 23

		9	1	6	4		2	3
			9		8			
8						9		5
1	6		5	4			3	9
	9						5	
5	7			2	9		4	8
2		1						6
			8		2			
9	8		4	3	6	5		

See the solution on page 100.

Easy # 24

1			2		6		7	4
	7							2
			5	7	9		1	
	2	7	6			1	3	
	5		3		4		8	
	3	1			7	4	5	
	4		8	6	3			
7							6	
6	8		7		1			5

See the solution on page 100.

Easy # 25

4					2	1		5
		7	6	1		2	3	
			4	9			6	
		8	2		4	3	7	
				3				
	2	9	7		6	5		
	4		1	2				
	7	2		9	8	4		
5		1	4					8

See the solution on page 101.

Easy # 26

		8		4	2		5	1
6		1		7				
	5		6		8	9		
4			1			2		9
		3		9		4		
8		9			5			6
		2	8		7		9	
				5		1		8
5	8		9	3		7		

See the solution on page 101.

Easy # 27

				5		4	8	
		7			8		9	5
9	5			4	2			1
		3			9			
	4	2	6	3	5	7	1	
			8			6		
7			5	8			4	3
5	6		3			8		
	8	4		7				

See the solution on page 101.

Easy # 28

9		3				7	6	5
						8	3	
	2				3	4	9	
4	3			5	6			
	9		3		8		7	
			1	7			4	9
	4	9	2				8	
	7	2						
3	1	6				9		7

See the solution on page 101.

Easy # 29

	4	3		1	2	9	8	
			6	4			3	
6								
	3	4					2	
7	5	2	3		8	1	4	9
	9					5	7	
								2
	7			3	6			
	6	5	4	8		3	1	

See the solution on page 101.

Easy # 30

8				5	3	1		
1	5		8	7		4		6
				6		8	5	2
6	8	3						
		4				9		
						6	7	8
3	6	1		4				
7		8		9	5		6	4
		5	3	2				1

See the solution on page 101.

Easy # 31

			3				8	9
7				2		3		
3			7	9	1			2
9				8	3	2		
4		3				6		8
		1	5	6				7
2			8	1	6			4
		4		3				6
1	6				4			

See the solution on page 102.

Easy # 32

9		4	5		8	6		3
				2				
7			9		1			2
	7	2	1		9		5	
		8		5		9		
	9		7		2	1	3	
5			2		4			8
				3				
4		6	8		5	2		9

See the solution on page 102.

Easy # 33

7	1			2	4	3		
			1	9	7		6	8
4					5		2	7
2		4					3	
	5					8		2
6	7		8					3
5	4		7	6	2			
		2	9	5			7	4

See the solution on page 102.

Easy # 34

		1	9	3	6		4	
		2	4	7			8	1
	4							
5		6	7			1		
	9	3	8		1	4	2	
		4			3	9		5
						1		
3	1			4	8	7		
	6		2	1	7	5		

See the solution on page 102.

Easy # 35

			8	4	5			2
		7	9		6	4		5
4						6		
7	2		6				9	8
5			2		8			7
8	9				4		6	3
		3						6
6		2	4		3	9		
9			1	6	7			

See the solution on page 102.

Easy # 36

	8		1		5			9
		9						5
5	7			3	4	6		
		8	7			5		4
1	2			4			9	3
6		5			9	2		
		4	6	1			7	2
9						4		
7			4		8		5	

See the solution on page 102.

Easy # 37

	7			4				
			9		6	1		
6	9		2		5	7		
1					2	9	8	
2	8			5			7	1
	6	7	8					5
		4	6		1		2	3
		6	5		3			
				8			1	

See the solution on page 103.

Easy # 38

	5			4		3		7
3				8				6
	6		2				4	8
4	1			6				5
5		2	1		4	8		3
9				5			1	2
7	9				6		3	
6				7				4
2		5		1			7	

See the solution on page 103.

Easy # 39

7			3		4			1
6	9		8		2		5	4
				7				
		2	4		3	1	7	
	4			2			8	
	3	6	7		1	4		
				6				
4	7		2		8		9	5
8			5		7			2

See the solution on page 103.

Easy # 40

8			5				6	
	4		7	1				
1			4	8		3	7	
	7			6		4		2
4	8		3		1		9	6
6		3		7			1	
	3	6		2	5			1
				4	7		2	
	5				9			7

See the solution on page 103.

Easy # 41

3				8	6		5	
	9		3	5				1
8			2		7			6
1	7		4	3				8
		9				7		
4				6	9		1	5
9			8		5			3
7				4	1		8	
	1		9	7				2

See the solution on page 103.

Easy # 42

		5	2		6			7
7	2			9			6	
1	6		7		8	3		
2		7		6				
			3		1			
				2		4		3
		1	9		7		4	5
	7			5			8	9
9			6		4	7		

See the solution on page 103.

Easy # 43

	9	7		1		8		2
	4	6			5		9	1
		5			8			
				2	4	6		7
		8	1		3	5		
2		9	8	5				
			5			2		
6	8		3			9	4	
7		2		4		3	1	

See the solution on page 104.

Easy # 44

		8	7		2			6
9			3		8	5	7	
	7			4		8	2	
				7		2		8
			5		9			
1		9		2				
	3	4		6			8	
	1	6	8		4			5
8			1		7	4		

See the solution on page 104.

Easy # 45

		2						6
9			4	7				
	8		2	6			4	5
	4	3	8				9	7
	1	5	6		4	3	2	
8	2				7	1	6	
2	3			4	9		5	
				5	8			2
5						4		

See the solution on page 104.

Easy # 46

4	8	6		2	7	3		
	9	5					8	
				1	4	5		
				6	9		2	3
		9	2		4	5		
2	6		3	5				
	7	1	4					
	3					8	9	
		4	8	3		1	7	2

See the solution on page 104.

Easy # 47

	2	9				4	5	
	4		8	2			7	
			5		3			
	3	6	4		2	8	9	
5				3				4
	9	4	1		8	2	3	
			2		1			
	7			9	4		6	
	6	3				1	2	

See the solution on page 104.

Easy # 48

8				6	2			9
	5	2		1				
9		4	5			3	2	
	2						9	3
	7		1		3		6	
5	3						1	
	4	7			8	6		2
				3		1	8	
3			2	4				7

See the solution on page 104.

Easy # 49

5					4		8	1
	8			7				
9	7	1	5	8	3	6		
				4				7
	4	9	8		1	2	3	
1				3				
		3	7	6	8	1	9	2
				2			6	
6	9		4					3

See the solution on page 105.

Easy # 50

			8		7			
	2	1	6	4	5			7
7		3				8		
	1	7		6	3	5	4	
	3						7	
	6	8	7	2		3	9	
		4				2		5
3			4	1	6	7	8	
			2		8			

See the solution on page 105.

Easy # 51

			4		8	1	6	5
4	8			5				9
			7	9			2	
8	4			3	7		9	1
5	9		1	6			8	7
	7			1	9			
9				4			1	2
3	1	4	2		6			

See the solution on page 105.

Easy # 52

		3	2	4	5	8	1	
		2	3	7		4		
8				1				
	8			2		3		
	3	6				9	2	
		7		9			8	
				5				7
		5		6	4	2		
	2	9	7	3	1	6		

See the solution on page 105.

Easy # 53

		1		8	7		6	
6	9						7	3
	7	8	4				1	
		3	7				4	
7		9	6		3	1		5
	2				5	9		
	1				8	7	5	
8	6						9	1
	3		1	7		6		

See the solution on page 105.

Easy # 54

6	3			7				
5				4	9	8	6	
		8	3		5			1
	4		6				1	9
2				1				4
1	5				8		3	
9			5		7	1		
	8	5	1	2				7
				8			5	6

See the solution on page 105.

Easy # 55

1		9				6		
	7	4	3	8	5			1
			6		1			
	4	1		3	9	5	8	
	9						1	
	3	6	1	7		9	2	
			7		6			
9			8	4	3	1	6	
		8				7		5

See the solution on page 106.

Easy # 56

			4	7		9		
	4							
9		7		6	3	5		1
7		9				3		
3	2	8	9		5	7	1	6
		1				2		8
8		4	7	5		6		9
							3	
		2		9	4			

See the solution on page 106.

Easy # 57

4	6			3		7		
8		3			1	2		
2				8				6
7				2		9		3
6	8		3		9		1	7
1		9		7				5
3				4				2
		6	2			5		4
		4		9			7	1

See the solution on page 106.

Easy # 58

		2	4		7	1		
3			2	5		8		
		5		6	3			4
		6		9	2	7		3
	2						5	
5		3	6	1		4		
2			1	7		3		
		1		4	9			7
		4	8		5	9		

See the solution on page 106.

Easy # 59

			7		2			
	5	7	9	3	8			1
4	2						8	
	1	6		2	5	9	7	
		5				1		
	4	8	1	9		3	5	
	7						1	5
5			4	8	9	2	3	
			5		7			

See the solution on page 106.

Easy # 60

9	1			4		7		2
				3	8			
5			7				9	
	2			7		3		9
3	6	7		1		4	8	5
4		5		8			1	
	8				7			3
			3	6				
7		2		9			5	6

See the solution on page 106.

Easy # 61

		3	8	1		6	2	
	4		6	3				8
8					4			7
		4			6		9	
	9	6		4		8	7	
	2		3			4		
3			9					2
4				7	2		6	
	7	2		5	3	1		

See the solution on page 107.

Easy # 62

		1			2	6		
3	8	6				2		
4	2	5		6	8		3	
	4		5	3				
			1		6			
				4	7		9	
	9		4	2		7	8	6
		4				5	2	9
		2	8			4		

See the solution on page 107.

Easy # 63

4		8						
	9			7	2	5	3	
7			3	6		1		
8	1	4	2				9	5
2	7				9	3	1	8
		7		4	6			3
	6	3	1	2			4	
						9		1

See the solution on page 107.

Easy # 64

			1			5		
		3			7		1	8
1		8	5				7	9
	3					2	8	4
	2	5				7	9	
7	8	1					5	
8	4				5	1		6
5	9		6			8		
		6			4			

See the solution on page 107.

Easy # 65

				5	9	2		
8		2		3	7			5
		5					3	
2		9			6		4	1
4	5		1		3		8	2
3	8		9			6		7
	2					1		
9			2	1		5		3
		7	3	6				

See the solution on page 107.

Easy # 66

		4	2		5	1		3
3						2		
			6	3	7			4
2	3		5				4	9
6			9		1			8
9	4				3		1	6
1			8	5	9			
		3						5
8		5	3		4	6		

See the solution on page 107.

Easy # 67

	9	7				4	6	
			6		4			
	1			2	3		9	
	2	3	4		5	6	7	
8				7				3
	7	9	3		6	5	2	
	3		5	6			1	
			8		7			
	6	2				3	8	

See the solution on page 108.

Easy # 68

			1	8		6	2	9
		2	6					5
	6	9	5			4		1
		6					1	
5	2	4				3	7	8
	1					2		
7		5			6	8	9	
2					4	5		
6	9	8		3	5			

See the solution on page 108.

Easy # 69

4							7	5
	8		4	6	2	9		3
			5		9			
9		2	3	5		1		8
		8				3		
3		6		2	8	4		7
			9		3			
6		5	2	4	7		3	
8	3							9

See the solution on page 108.

Easy # 70

				3			4	
		5	8		9			
		4	7		6		9	8
	2	9	6					5
5	4			7			2	6
7					2	4	8	
1	6		5		8	3		
			1		7	8		
	5			2				

See the solution on page 108.

Easy # 71

		6	9	7				4
4	3						8	
		9		1	4	3		
	7		3			8		1
6		2		4		5		3
9		3			1		4	
		5	4	8		1		
	9						6	8
1				6	7	9		

See the solution on page 108.

Easy # 72

9	2						7	4
	4				9	3	6	
	8		4	3		2		
	5				6	7		
3		7	2		8	4		6
		8	3				1	
		4		9	3		2	
	3	9	1				4	
2	7						3	8

See the solution on page 108.

Easy # 73

3	2	8		9				
7		6		5	4	9	2	
4			8	1		3		
						7	6	2
9								5
8	7	2						
		7		4	8			3
	4	3	7	6		2		9
				2		1	4	7

See the solution on page 109.

Easy # 74

		5	8	2		7		
	1	9				5	3	
			1		9			
	9	3	4		1	2	8	
8				3				6
	4	2	9		8	3	5	
			3		6			
	8	6				9	2	
		7		9	4	8		

See the solution on page 109.

Easy # 75

6		7		9				5
8		9	5		7		1	
	5		8		2	7		
	8	3		4				
			1		3			
				2		4	5	
		5	2		4		9	
	3		6		5	1		2
2				7		5		4

See the solution on page 109.

Easy # 76

4			3	8	6	5		
7	5			2	4	1		
								4
		5			2	3	9	
1		4	5		7	8		6
	9	6	8			4		
5								
		2	7	4			8	5
		9	2	5	1			3

See the solution on page 109.

Easy # 77

6		1		2	7	4		3
			4	6		9		
	5							
3		9				8		
1	8	7	2		6	3	9	5
		5				6		7
							4	
		6		7	4			
8		2	5	1		7		6

See the solution on page 109.

Easy # 78

4		3	8		7		9	
2		7		3				8
	8		4		6	7		
	4	1		5				
			9		1			
			6			5	8	
		8	6		5		3	
6				7		8		5
	1		2		8	9		6

See the solution on page 109.

Easy # 79

7				6		8	3	
1			9			7		4
		2		7		9		
6		8		3		4		
	5	1	2		6	3	8	
		3		9		2		6
		9		5		1		
2		5			8			9
	1	7		2				3

See the solution on page 110.

Easy # 80

2	1	9		7	8		4	
7	8	4						1
6					1			7
	9		2	4				
			6		7			
				9	3		5	
1			8					9
9						5	1	2
	5		9	1		7	8	3

See the solution on page 110.

Easy # 81

8	6					1	2	7
		5			4	9		8
						6		4
	8	9		6	1			
		6	5		2	8		
			7	3		2	9	
5		2						
9		8	2			4		
6	3	7					8	2

See the solution on page 110.

Easy # 82

6		6		4	1			9
	9					8	4	
5			2	8				6
3		9			6		2	
7		4		2		3		5
	1		3			6		8
9				6	2			3
	3	2					8	
4			9	1		2		

See the solution on page 110.

Easy # 83

		5	1				6	
				7	5			
	9	7		2		1		3
	4			6		8		9
8	6	9		4		5	7	1
5		2		1			3	
1		3		8		2	4	
			6	5				
	2				1	9		

See the solution on page 110.

Easy # 84

		9			1		8	7
8	7			3	4		5	
				8		3		1
		6			7			
3		4	2	6	8	9		5
			1			2		
1		3		9				
	9		8	1			6	3
2	8		6			1		

See the solution on page 110.

Easy # 85

8	7		9					3
		4	5	2			7	1
2	1		7	8	4			
	2					9		4
4		1					3	
			6	5	7		8	9
7	6			4	1	3		
1					2		4	7

See the solution on page 111.

Easy # 86

1				2		3	6	
		9	5					
3	8		7			2	1	
	7	1		5	4			
	6		1	9	7		5	
			6	8		1	7	
	1	4			9		2	3
					5	4		
	3	8		1				7

See the solution on page 111.

Easy # 87

	9		4	5		6	2	
		6	1	9				
5						9		
8	7		3			1	6	
2	6		5		7		8	9
	4	3			1		5	2
		7						6
			3	5	4			
	5	9		7	6		1	

See the solution on page 111.

Easy # 88

						8		
	2			1	9			
5	9		4	6			7	1
	3						2	5
8	5	2	1		6	3	4	7
4	1						8	
1	4			7	8		6	3
			9	4			1	
		9						

See the solution on page 111.

Easy # 89

	4	5			3	7		9
	3				1			
	6	7		9			1	8
				8	5		4	6
	1		9		2		3	
8	7		1	3				
6	8			5		9	2	
			3				8	
4		1	2			5	7	

See the solution on page 111.

Easy # 90

9		3	2		7		6	
			3		9		5	
		6		8				
5					2	4	3	
2		4		7		6		5
	6	9	4					7
				4		5		
	9		7		1			
	8		9		5	2		1

See the solution on page 111.

Easy # 91

6	4		8			3		
	3	5		1				
1			6	3			5	8
			3			4		
	5	9	4	8	6	1	2	
		8			7			
7	6			5	9			2
				6		5	3	
		1			3		7	6

See the solution on page 112.

Easy # 92

9	4				6	2		
	3				7		5	
	6	5	2	8				1
8		7				3	1	
1								2
	9	3				8		5
5				1	3	6	2	
	1		9				8	
		9	5				4	7

See the solution on page 112.

Easy # 93

8		1			5		3	
5	7		3	9		6		
2					4			7
	4	9					2	6
		6				3		
1	2					7	9	
6			1					9
		7		6	2		5	3
	1		7			4		8

See the solution on page 112.

Easy # 94

9		4		1		7		
	1			9	7	6		
		3			4		9	
	3				6		4	8
		5	4		8	1		
4	2		7				3	
	7		5			8		
		9	1	7			6	
		1		8		3		9

See the solution on page 112.

Easy # 95

	8		7	5			9	1
		4			9	2	5	
				4	3			7
	6		9		4		1	8
				1				
9	3		8		7		2	
4			5	9				
	5	2	4			6		
8	9			3	6		4	

See the solution on page 112.

Easy # 96

		1		2		3		8
	7		6			2		
		8	1	7			9	
4	5		7				3	
		6	4		2	1		
	3				9		4	2
	1			8	7	9		
		3			4		8	
8		4		1		7		

See the solution on page 112.

Easy # 97

9		4			5	2	7	
5					6			
1		2		7			8	6
				8	4		1	9
6			7		3			5
2	8		6	5				
8	1			4		7		3
		5						8
	9	6	3			4		2

See the solution on page 113.

Easy # 98

		1	8	7				
	4							
8	6			4	9	7		5
2			1				5	7
6		8	4		7	1		2
9	1				3			4
1		9	6	5			2	8
							7	
				1	2	5		

See the solution on page 113.

Easy # 99

	3		8	9			1	
		1		4	7		5	
5						9		4
	6	5			1			8
	2	4		8		6	3	
7			6			1	9	
6		8						9
	4		5	7		8		
	5			1	8		6	

See the solution on page 113.

Easy # 100

			7				1	
	4				2	7		3
7	3		1			2		6
		4				3	9	5
	1	9				6	2	
2	7	3				1		
3		5			1		7	8
1		6	8				3	
	8				5			

See the solution on page 113.

Easy # 101

	6	2		8			5	7
			4				6	
9		3	5				1	8
	1	6	9	4				
	9		7		5		4	
				6	8	2	3	
8	3				4	7		1
	4				9			
1	2			7		6	9	

See the solution on page 113.

Easy # 102

	3			7	4	8		
4	8		5	2				7
						5	9	
3		2			9	1	8	5
5	7	1	2			6		9
	1	7						
9				3	2		6	8
		3	8	4			5	

See the solution on page 113.

Easy # 103

			5	6		2	8	1
2			1				9	
8		1	9				5	4
1						5		
4	9	2				7	6	3
		5						2
9	7				1	8		6
	2				4			9
6	1	8		3	9			

See the solution on page 114.

Easy # 104

	9							
5		3		2	7	8		6
			8	5		4		
6		4				1		
3	1	7	2		5	6	4	9
		9				5		7
		5		7	8			
1		2	9	3		7		5
							8	

See the solution on page 114.

Easy # 105

	8	7		3	1		5	9
2		5	8		9			
6							7	1
		2			4		8	7
		8				9		
7	9		2			1		
3	2							8
			4		8	5		3
8	5		7	2		4	9	

See the solution on page 114.

Easy # 106

2	1							
5	6	8				4		1
9	4		1				7	
			6	8		9	1	
	5		2		1		4	
	9	4		5	3			
	2				7		9	4
4		5				1	3	6
							5	7

See the solution on page 114.

Easy # 107

	9					7	1	
4					3	5	6	
		3			7			4
9		1		2		4		7
	6		9		8		5	
8		4		3		6		9
5			4			2		
	4	2	8					6
	8	9					4	

See the solution on page 114.

Easy # 108

	6		4	9				2
		9	2	1		4	7	
2					6			8
		6			4		3	
	3	4		6		2	8	
	7		9			6		
9			3					7
	8	7		5	9	1		
6				8	7		4	

See the solution on page 114.

Easy # 109

7			2				5	8
	2					3	4	
	5		7	4	3	6		
5				2			6	
4		3				2		1
	9			3				5
		9	5	8	2		1	
	1	5					8	
6	7				9			2

See the solution on page 115.

Easy # 110

	5	6			9		4	3
	4	1		3		8		7
		9			8			
				7	5	6		1
		8	3			2	9	
7		4	8	9				
			9			7		
1		7		5		2	3	
6	8		2			4	5	

See the solution on page 115.

Easy # 111

			4			1		7
	5	7				2	8	
8			9				5	
	8	4	1					5
	1	9	2		4	6	3	
6					9	4	2	
	9				8			3
	7	6				8	4	
5		8			2			

See the solution on page 115.

Easy # 112

2		8		1	9	5		
				2			1	6
	3				6	2		8
	7				8			
1	9		4	7	2		3	5
			6				4	
4		2	7				6	
6	1			3				
		3	2	6		7		1

See the solution on page 115.

Easy # 113

		7	2			3		6
		6		4			9	5
8			6					2
5		4		9				3
7	1		8		4		5	9
9				2		4		8
2				1				7
6	7			8		9		
1		8			5	2		

See the solution on page 115.

Easy # 114

	7		2	6		3	8	4
2						7	6	5
6			8					2
				2	4		7	
			1		3			
	2		5	9				
1					6			3
3	8	9						6
5	6	2		3	8		9	

See the solution on page 115.

Easy # 115

				3			8	9
		3	1	6		5		
6	5				9	1	7	
3		2						8
5			8		3			7
1						3		4
	6	4	2				3	1
		9		7	1	4		
2	1			8				

See the solution on page 116.

Easy # 116

			6					5
6	9			2		1		8
	2	1	5			4		3
3	8		4	9				
5			7		2			6
				5	6		9	1
1		4			7	6	3	
7		2		4			8	9
9					5			

See the solution on page 116.

Easy # 117

					7	1		9
9	3	1		8	6	7		
4		6						8
				5	8		3	2
		5	7		3	4		
3	8		4	2				
6						5		4
		8	9	3		2	7	6
5		7	1					

See the solution on page 116.

Easy # 118

9	6		8	2		7		5
3				1	4	8		
				9		3	6	4
7	5	6						
		2				9		
						4	7	6
1	8	7		6				
		3	4	8				7
6		9		5	7		8	3

See the solution on page 116.

Easy # 119

			2	6				9
		2						
6	9			8	5		3	7
9	6							5
1	5	4	9		7	3	8	6
3							1	4
2	1		6	7			9	8
						5		
4				9	2			

See the solution on page 116.

Easy # 120

3	4	2			8			
6			2					9
	9	1			6	3		
1	7			5				8
	6			9			7	
5				8			1	3
		4	1			8	9	
7					9			2
			7			6	3	1

See the solution on page 116.

Easy # 121

	5							
9	6		4		5	1		
	7	4	8		1	5		
	3		6				5	9
6		5	2		7	8		4
4	2				9		1	
		3	9		6	4	8	
		6	1		4		2	3
							6	

See the solution on page 117.

Easy # 122

	3		1				7	
2				3	5	4	8	
		1	2				6	9
	1	5				7		2
3								8
7		9				5	3	
1	6				4	8		
	4	2	8	7				3
	5				9		2	

See the solution on page 117.

Easy # 123

	6				8		5	1
4		1			7		6	9
	7	5	1	6				
		6			1	3	7	
	9						1	
	2	8	3			6		
			8	2	5	3		
2	8		7			9		6
7	5		6				8	

See the solution on page 117.

Easy # 124

2		5		4			8	
8	1						6	
		4		3	9			1
9	8		5	2				
	5	1		9		8	4	
				8	6		3	5
5			2	1		4		
	9						7	8
	4			7		5		6

See the solution on page 117.

Easy # 125

	1	7		2	6			
					3	5		
6			7	8		1	2	
1	8	9		7				
3		6	1		2	4		7
				5		3	9	1
	9	5		4	1			3
		2	5					
			2	3		7	4	

See the solution on page 117.

Easy # 126

1			3	2			6	
6				7	5			4
	7	2				1		
		5	6				1	8
4	8			5			2	9
7	6				8	3		
		7				8	5	
8			5	6				1
	5			3	1			2

See the solution on page 117.

Easy # 127

	6			7	1		9	
	1	5	4			6		7
4		8		9				
8							3	9
5			9		8			6
2	9							1
				8		1		3
1		9			3	7	2	
	2		1	5			4	

See the solution on page 118.

Easy # 128

	3	2				4		
					9	1	6	
7	6	1		4	3		9	
				8	4	5		7
	8		9		7		2	
4		7	2	5				
	4		1	7		3	5	9
	9	8	6					
		3				2	8	

See the solution on page 118.

Easy # 129

			4	2	1	5	9	
		2			7			
	1	9		8				4
	5		6	3		4	8	
	9	4				3	2	
	3	6	2	9				1
9				5		6	4	
			7			9		
	7	3	8	4	9			

See the solution on page 118.

Easy # 130

2	4	7				8		1
	8	6						
	1	3	8				9	
			4	2			8	3
	7		6		8		1	
1	3			7	5			
	6				9	1	3	
						9	7	
7		1				4	5	8

See the solution on page 118.

Easy # 131

1				5	8			9
9		7	4			6	8	
	4	8		2				
	8						9	6
	3		2		6		5	
4	6						2	
				6		2	1	
	7	3			1	5		8
6			8	7				3

See the solution on page 118.

Easy # 132

		5	4	6				
3	4			5	9	7		6
	1							
2			8				6	7
4		6	1		2	3		9
1	5				6			4
							2	
5		1	7	2			9	3
				1	3	6		

See the solution on page 118.

Easy # 133

2		4						9
6		8	1				7	
	7		4			1		
	4	7		3		2	9	
8			5		9			6
	9	6		1		7	5	
		3			7		8	
	6				5	3		7
7						9		5

See the solution on page 119.

Easy # 134

5			9	2		8		
		2	7					4
9				4			5	1
	3	6	2			1		
7			3		4			9
		1			8	3	4	
3	5			9				2
1					3	5		
		9		5	2			8

See the solution on page 119.

Easy # 135

					7	5		8
8	6	5		9	2			7
2		4				9		
			1	9	3	6		
1			7		6			4
	9	6	4	3				
		2				4		1
9			5	6		2	7	3
7		1	8					

See the solution on page 119.

Easy # 136

7	2	4					1	5
8		5						
3		1	5			9		
			4	2		5	3	
		7	8		5	1		
	1	3		7	6			
		8			9	3		1
						7		9
1	7					6	5	4

See the solution on page 119.

Easy # 137

	5	2		7	3			
	8		6	2				
					1		7	2
8	2				5		6	4
		3		6		9		
6	4		3				5	1
4	9		7					
				5	2		4	
			4	3		7	1	

See the solution on page 119.

Easy # 138

		6						
8	1			2	9		7	3
			7	8			4	
3	4						5	
1	9	5	2		8	4	3	6
	6						8	9
	8			9	7			
5	2		6	1			9	8
						7		

See the solution on page 119.

Easy # 139

					9	2		7
1		3				6		
7	8	2		6	1			9
				4	6	5	8	
4			9		8			3
	6	8	3	5				
6			2	8		1	9	5
		1				3		4
9		4	7					

See the solution on page 120.

Easy # 140

6		5	7	8	2			
	2		1	5		6		7
7		8	4			9		
5						2	4	
	6	2						9
		6			5	7		2
3		7		2	6		9	
			3	1	7	4		8

See the solution on page 120.

Easy # 141

5	9							
2			6	1			8	
		1		7	5	6	2	
4	2	5	9			8		7
3		9			7	5	1	4
	3	2	7	8		9		
	5			6	2			8
							4	1

See the solution on page 120.

Easy # 142

			9			8		2
3				5			9	
9			3	2	6			5
2				8	9		5	
7	9						1	8
	6		4	1				3
5			8	6	1			7
	7			9				1
6		1			7			

See the solution on page 120.

Easy # 143

				8	3		6	
7	2		4			9		
6			5	9	2			7
				6	4	1		5
2		4				7		6
9		6	1	2				
1			6	3	9			8
		5			1		7	9
	9		8	7				

See the solution on page 120.

Easy # 144

	1	3	6		7	5		4
				9				
7					1		6	
3		9			8	7	1	
6	7		5		3		2	9
	5	4	2			6		8
	8		9					1
				8				
5		6	1		2	8	9	

See the solution on page 120.

Easy # 145

		9		1	3		2	4
	2		5		9	8		
5		4		7				
1			4			3		8
		6		8		1		
9		8			2			5
				2		4		9
		3	9		7		8	
2	9		8	6		7		

See the solution on page 121.

Easy # 146

5			8			7		9
		7	5	1	4		3	
		8				1	4	
7				8		3		
1	4						8	2
		6		4				7
	7	2				9		
	6		7	9	8	2		
3		5			6			8

See the solution on page 121.

Easy # 147

8	3			7		9		
	9				6			
			9	8	1		5	6
2				9	4		3	5
4	5						8	9
1	8		5	3				7
9	7		2	4	8			
			6				4	
		8		1			9	2

See the solution on page 121.

Easy # 148

	3	2			5	8		9
	7	9		2				4
					6		3	
			1	7		4	2	
		1	2	5	4	6		
	2	4		6	3			
	5		6					
2				8		1	9	
9		7	4			2	8	

See the solution on page 121.

Easy # 149

						4		6
9	4					3	5	1
		2			6	8		9
	9	8		4	3			
		4	2		5	9		
			1	7		5	8	
8		9	5			6		
4	7	1					9	5
2		5						

See the solution on page 121.

Easy # 150

2		9						3
			8		4		5	1
8		5	2	6		4	9	
9		4	7				1	
	8						4	
	2				1	8		9
	7	8		1	9	5		4
6	5		4		7			
4						1		6

See the solution on page 121.

Easy # 151

		5	7			1	2	
	3			2			7	
		2		8			6	9
	6	8		9			1	
4	5		3		8		9	6
	9			7		8	3	
5	2			3		9		
	7			4			5	
	4	3			6	7		

See the solution on page 122.

Easy # 152

	4					1		
	3		1		2			8
		1	7	6			9	3
	7	8			4	9		
9	6			1			5	4
		2	3			8	1	
3	8			5	1	7		
2			6		8		4	
		4					8	

See the solution on page 122.

Easy # 153

	6		1		2	7		
4			6			9	5	1
		7		4	8		6	
6	7					3		
		4				8		
		1					9	2
	2		7	3		4		
8	5	3			4			7
		9	8		1		3	

See the solution on page 122.

Easy # 154

	2	8		4	1			3
		1	5	7	9			2
						1		
2					4		6	5
1		3	2		8	9		7
9	6		7					1
		2						
6			4	2	3	5		
4			8	1		2	7	

See the solution on page 122.

Easy # 155

	4			1	3			
7	3		2	5			9	1
					8			
	6						4	7
8	7	4	1		5	6	2	9
2	1						8	
		3						
1	2			9	8		5	6
			3	2			1	

See the solution on page 122.

Easy # 156

3		4						5
	6	9		3				8
	8			7	1	6		
2		6	9	4				
8	4			5			7	6
				1	6	5		4
		7	5	2			8	
4				8		1	6	
9						4		7

See the solution on page 122.

Easy # 157

		1				9		7
			7		1			
7			6	8	3	2	5	
	8	6	9	3		7	2	
	7						9	
	4	9		5	7	1	3	
	1	7	3	2	8			9
			1		5			
6		5				8		

See the solution on page 123.

Easy # 158

		8	5	6	3			9
	4	6		7	1			3
						6		
7					4		9	2
4		2	1		6	5		7
8	9		3					6
		7						
5			7	3		1	6	
6			2	4	8	7		

See the solution on page 123.

Easy # 159

	3	6				5	2	
			7				3	8
4			3			9		
	6	7	9					2
	2	4	6		7	1	9	
8					1	3	6	
		8			9			3
5	1				6			
	7	3				8	5	

See the solution on page 123.

Easy # 160

				7		5		8
	9		5	6			4	
5		1			8	3	9	
9	1							5
6			1		7			2
7							8	1
	5	6	4			2		3
	2			3	5		1	
4		7		1				

See the solution on page 123.

Easy # 161

		3	5	9			6	
4		6				8		5
		5			4	2	9	
		1			2		8	
9	8		6		3		5	2
	3		9			7		
	4	9	7			5		
6		8				9		3
	5			4	9	6		

See the solution on page 123.

Easy # 162

		5	2		9		1	3
	9		3		4	7		
3				6			9	4
				3		9	4	
			1		5			
	5	8		4				
2	6			7				9
		9	8		3		6	
8	7		9		6	1		

See the solution on page 123.

Easy # 163

	8			6	7			
5	9	1	2		3			
6				5			2	3
1	6		7	4			3	2
7	2			9	1		6	5
8	1			3				6
			9		8	3	1	4
			6	1			7	

See the solution on page 124.

Easy # 164

			9	2			4	6
3			7					
4	2			1	6	9		
				6		4	1	5
8		6	2		4	7		9
7	5	4		3				
		7	4	8			5	3
					3			2
6	8			7	2			

See the solution on page 124.

Easy # 165

	1	9	4	6				5
8	2				5	7		
	3				7		6	
5		3				4	7	
1								6
	6	4				8		3
	5		8				4	
		1	9				2	7
6				3	1	5	9	

See the solution on page 124.

Easy # 166

7	6				2			
		2		8				9
8			3	7	9			2
		8	2	6				7
6		5				2		4
9				5	1	3		
4			5	3	6			8
5				2		4		
			4				5	3

See the solution on page 124.

Easy # 167

	7	2	9	3			6	
						5		9
		4		6	7			2
3	4				5	2	9	1
1	9	6	3				5	8
4			2	7		9		
6		1						
	5			4	3	8	2	

See the solution on page 124.

Easy # 168

9			8	4				
					1	4		2
3	4			2	7			
4		9			3	5		8
	7			8			6	
5		8	7			1		3
			5	7			2	1
6		5	2					
				3	4			5

See the solution on page 124.

Easy # 169

		9	5		7	4		8
4						7		
			1	4	8			3
9	3		7				5	1
8			3		1			9
1	5				4		7	2
5			6	7	9			
		2						7
7		3	4		2	5		

See the solution on page 125.

Easy # 170

		4	5					
	9							5
5	6		1	4		2	8	3
4	3				5	6		8
7			9		3			1
6		5	2				9	7
3	7	8		2	1		6	9
2							3	
					7	8		

See the solution on page 125.

Easy # 171

8	1				4	3		
							8	7
2	4			5	7		1	
			3	7		5	6	
1			5	6	9			4
	7	5		4	2			
	9		7	2			4	8
4	8							
		6	4				3	9

See the solution on page 125.

Easy # 172

	4							8
	8		4		9	5		
1			2	7		6	4	
4	2				6			5
	7	8		2		3	9	
3			8				1	4
	3	6		9	1			2
		4	5		2		6	
2							8	

See the solution on page 125.

Easy # 173

8	5	1		2	4		3	
					6	9	8	
	9	7				1		
			5	7	2			3
	7		2		8		9	
2		5	3	9				
		3				7	1	
	6	4	8					
	8		1	3		4	6	2

See the solution on page 125.

Easy # 174

	4		5		2	1		7
		5	8		7		2	
2				1		5		6
			9			3	7	
			3		4			
	2	9	8					
9		2		5				8
	1		9		8	2		
8		4	2		6		3	

See the solution on page 125.

Easy # 175

4								
	2		4	3		8		7
	8		6	1	5			4
	5	9	3				8	
6	1		7		8		4	2
	4				1	9	6	
5			2	8	3		9	
8		1		4	7		3	
								8

See the solution on page 126.

Easy # 176

	2	5	3			7		
		8	1	7	5	3	9	
1					8	4		
8		6		2	9			
		1				9		
			8	3		6		7
		9	5					4
	8	3	4	6	7	2		
		4			2	5	3	

See the solution on page 126.

Easy # 177

	1	4	9	5				
8				6				4
5		6			7	1	9	8
		3	6	8			1	
	4						6	
	6			9	2	4		
6	8	1	3			2		5
9				2				1
				1	5	6	8	

See the solution on page 126.

Easy # 178

9		6		4	5		8	
			8	1	9	4		6
		2			3	1		9
	3	8						4
2						8	6	
8		9	4			6		
1		3	9	5	7			
	2		6	8		9		7

See the solution on page 126.

Easy # 179

7	9		1			3		
3		2		6				
	6		9	3			1	2
			3			7		
2		8	7	1	9	6		5
		1			4			
9	4			2	8		5	
				9		2		3
		6			3		9	4

See the solution on page 126.

Easy # 180

	4		6			9		5
		7	5		4	6		
6	5		2		9			
3			4			8		
7		8				1		3
		5			8			6
			8		2		7	1
		3	1		5	4		
1		6			7		2	

See the solution on page 126.

Solution

Solution# 1

1	9	8	7	4	2	6	5	3
4	6	2	5	3	1	7	9	8
7	3	5	6	8	9	1	2	4
3	2	7	1	5	4	8	6	9
9	5	4	8	2	6	3	7	1
8	1	6	9	7	3	2	4	5
5	7	3	2	9	8	4	1	6
6	4	9	3	1	7	5	8	2
2	8	1	4	6	5	9	3	7

Solution# 2

8	7	9	1	5	3	6	2	4
1	4	3	2	6	7	9	5	8
2	5	6	4	9	8	7	1	3
5	3	1	6	4	2	8	9	7
4	2	7	5	8	9	3	6	1
9	6	8	7	3	1	2	4	5
7	9	5	3	2	4	1	8	6
6	1	2	8	7	5	4	3	9
3	8	4	9	1	6	5	7	2

Solution# 3

5	6	4	2	1	3	7	8	9
9	8	2	6	4	7	1	5	3
7	1	3	9	5	8	6	2	4
2	7	6	5	9	4	3	1	8
1	3	5	8	2	6	9	4	7
4	9	8	3	7	1	5	6	2
3	5	9	4	6	2	8	7	1
6	2	7	1	8	9	4	3	5
8	4	1	7	3	5	2	9	6

Solution# 4

3	4	7	5	2	8	6	1	9
5	9	6	1	3	7	4	2	8
1	2	8	6	9	4	3	5	7
4	5	9	8	7	1	2	3	6
2	7	1	4	6	3	8	9	5
8	6	3	9	5	2	7	4	1
9	3	5	7	4	6	1	8	2
7	1	2	3	8	5	9	6	4
6	8	4	2	1	9	5	7	3

Solution# 5

8	7	2	5	1	9	4	3	6
3	9	6	7	4	8	5	1	2
5	1	4	6	2	3	9	7	8
2	8	1	4	3	6	7	9	5
9	4	5	8	7	1	6	2	3
7	6	3	2	9	5	8	4	1
1	5	7	9	6	2	3	8	4
6	3	9	1	8	4	2	5	7
4	2	8	3	5	7	1	6	9

Solution# 6

7	4	3	2	1	5	9	6	8
8	2	6	3	4	9	7	1	5
1	5	9	7	8	6	2	3	4
3	8	7	6	9	2	4	5	1
2	1	4	5	7	8	3	9	6
9	6	5	1	3	4	8	7	2
4	7	8	9	5	1	6	2	3
6	3	1	4	2	7	5	8	9
5	9	2	8	6	3	1	4	7

Solution# 7

8	1	2	9	3	6	7	5	4
7	4	3	5	2	8	6	1	9
5	9	6	4	1	7	3	2	8
2	3	5	8	9	1	4	7	6
1	8	4	6	7	3	5	9	2
9	6	7	2	5	4	1	8	3
4	2	9	1	6	5	8	3	7
3	5	8	7	4	2	9	6	1
6	7	1	3	8	9	2	4	5

Solution# 8

9	4	8	2	7	6	1	5	3
3	6	2	5	1	9	4	8	7
7	1	5	4	8	3	6	2	9
6	2	3	9	5	7	8	4	1
1	8	9	6	3	4	5	7	2
5	7	4	8	2	1	9	3	6
4	3	6	7	9	8	2	1	5
2	9	1	3	4	5	7	6	8
8	5	7	1	6	2	3	9	4

Solution# 9

6	7	8	2	3	4	1	9	5
1	9	4	7	5	8	2	6	3
3	2	5	1	9	6	4	8	7
9	8	6	3	1	2	5	7	4
4	5	1	9	6	7	3	2	8
7	3	2	4	8	5	9	1	6
8	4	3	6	2	1	7	5	9
2	6	7	5	4	9	8	3	1
5	1	9	8	7	3	6	4	2

Solution# 10

4	9	6	7	1	2	3	5	8
7	3	8	6	5	4	1	9	2
1	5	2	3	8	9	7	4	6
8	4	1	2	9	5	6	7	3
6	2	3	8	4	7	9	1	5
9	7	5	1	3	6	2	8	4
2	8	9	5	7	3	4	6	1
5	6	4	9	2	1	8	3	7
3	1	7	4	6	8	5	2	9

Solution# 11

1	9	4	2	8	7	6	5	3
5	2	3	9	1	6	4	8	7
8	7	6	4	5	3	9	2	1
9	4	1	3	2	8	7	6	5
6	5	2	7	9	1	8	3	4
7	3	8	6	4	5	1	9	2
4	1	5	8	3	9	2	7	6
2	8	7	5	6	4	3	1	9
3	6	9	1	7	2	5	4	8

Solution# 12

1	4	6	8	2	3	5	7	9
8	3	5	6	9	7	2	1	4
7	9	2	5	1	4	6	8	3
9	7	1	2	4	5	8	3	6
4	2	3	7	6	8	1	9	5
5	6	8	1	3	9	4	2	7
2	8	9	4	7	6	3	5	1
3	1	4	9	5	2	7	6	8
6	5	7	3	8	1	9	4	2

Solution# 13

4	8	1	5	3	9	2	6	7
6	2	7	4	1	8	3	5	9
9	3	5	7	2	6	4	8	1
1	4	2	8	5	3	7	9	6
8	5	9	6	4	7	1	3	2
7	6	3	1	9	2	5	4	8
5	9	6	3	7	1	8	2	4
3	1	8	2	6	4	9	7	5
2	7	4	9	8	5	6	1	3

Solution# 14

2	4	8	9	6	3	7	5	1
6	7	1	5	8	2	9	3	4
5	9	3	1	7	4	2	8	6
1	3	5	4	2	6	8	9	7
9	8	6	7	3	5	1	4	2
7	2	4	8	9	1	3	6	5
3	1	2	6	5	8	4	7	9
4	5	9	3	1	7	6	2	8
8	6	7	2	4	9	5	1	3

Solution# 15

7	5	6	9	4	1	3	2	8
2	8	1	6	3	7	9	4	5
3	4	9	8	5	2	1	7	6
8	9	5	3	7	6	4	1	2
1	6	3	4	2	5	8	9	7
4	2	7	1	8	9	6	5	3
5	1	4	2	6	3	7	8	9
6	7	8	5	9	4	2	3	1
9	3	2	7	1	8	5	6	4

Solution# 16

2	6	7	4	8	5	3	1	9
5	1	9	2	3	7	6	8	4
8	4	3	9	1	6	5	2	7
7	9	2	6	5	3	8	4	1
4	3	6	1	2	8	7	9	5
1	5	8	7	4	9	2	3	6
6	2	4	8	7	1	9	5	3
3	7	1	5	9	2	4	6	8
9	8	5	3	6	4	1	7	2

Solution# 17

8	9	3	5	2	7	4	6	1
4	7	5	3	1	6	2	8	9
1	2	6	8	4	9	3	5	7
2	3	7	4	9	5	8	1	6
6	5	8	2	7	1	9	3	4
9	1	4	6	3	8	5	7	2
3	6	9	7	5	2	1	4	8
5	8	2	1	6	4	7	9	3
7	4	1	9	8	3	6	2	5

Solution# 18

9	7	4	1	5	3	2	6	8
1	6	8	4	2	7	5	3	9
3	5	2	8	6	9	4	1	7
5	1	9	7	8	2	3	4	6
6	2	3	5	9	4	8	7	1
8	4	7	3	1	6	9	2	5
2	8	1	6	3	5	7	9	4
7	9	5	2	4	1	6	8	3
4	3	6	9	7	8	1	5	2

Solution# 19

8	9	1	2	4	5	3	7	6
7	5	6	8	3	9	1	2	4
2	4	3	1	6	7	5	9	8
4	7	8	6	5	1	2	3	9
5	3	2	9	7	8	4	6	1
1	6	9	3	2	4	7	8	5
9	8	5	7	1	2	6	4	3
3	1	7	4	9	6	8	5	2
6	2	4	5	8	3	9	1	7

Solution# 20

5	2	7	1	4	8	6	9	3
1	4	6	5	3	9	2	8	7
3	9	8	2	6	7	4	5	1
8	7	9	3	5	2	1	6	4
2	3	1	4	9	6	8	7	5
4	6	5	8	7	1	3	2	9
9	8	3	7	2	4	5	1	6
7	5	2	6	1	3	9	4	8
6	1	4	9	8	5	7	3	2

Solution# 21

1	6	2	4	5	7	3	8	9
3	5	9	8	1	2	6	4	7
7	4	8	6	9	3	1	5	2
6	8	5	1	2	9	4	7	3
9	3	1	7	4	5	2	6	8
4	2	7	3	8	6	9	1	5
2	1	4	5	3	8	7	9	6
5	9	6	2	7	4	8	3	1
8	7	3	9	6	1	5	2	4

Solution# 22

3	9	1	5	2	8	7	4	6
4	5	8	7	9	6	3	2	1
2	7	6	3	4	1	8	5	9
7	3	9	4	1	5	6	8	2
1	4	5	8	6	2	9	3	7
6	8	2	9	3	7	4	1	5
9	2	7	1	8	4	5	6	3
8	6	3	2	5	9	1	7	4
5	1	4	6	7	3	2	9	8

Solution# 23

7	5	9	1	6	4	8	2	3
3	2	6	9	5	8	4	7	1
8	1	4	2	7	3	9	6	5
1	6	8	5	4	7	2	3	9
4	9	2	3	8	1	6	5	7
5	7	3	6	2	9	1	4	8
2	4	1	7	9	5	3	8	6
6	3	5	8	1	2	7	9	4
9	8	7	4	3	6	5	1	2

Solution# 24

1	9	8	2	3	6	5	7	4
3	7	5	1	4	8	6	9	2
2	6	4	5	7	9	8	1	3
4	2	7	6	8	5	1	3	9
9	5	6	3	1	4	2	8	7
8	3	1	9	2	7	4	5	6
5	4	9	8	6	3	7	2	1
7	1	3	4	5	2	9	6	8
6	8	2	7	9	1	3	4	5

Solution# 25

4	3	6	8	7	2	1	9	5
9	8	7	6	1	5	2	3	4
2	1	5	3	4	9	8	6	7
1	6	8	2	5	4	3	7	9
7	5	4	9	3	1	6	8	2
3	2	9	7	8	6	5	4	1
8	4	3	1	2	7	9	5	6
6	7	2	5	9	8	4	1	3
5	9	1	4	6	3	7	2	8

Solution# 26

7	9	8	3	4	2	6	5	1
6	2	1	5	7	9	8	3	4
3	5	4	6	1	8	9	2	7
4	6	5	1	8	3	2	7	9
2	1	3	7	9	6	4	8	5
8	7	9	4	2	5	3	1	6
1	4	2	8	6	7	5	9	3
9	3	7	2	5	4	1	6	8
5	8	6	9	3	1	7	4	2

Solution# 27

2	1	6	9	5	3	4	8	7
4	3	7	1	6	8	2	9	5
9	5	8	7	4	2	3	6	1
6	7	3	4	1	9	5	2	8
8	4	2	6	3	5	7	1	9
1	9	5	8	2	7	6	3	4
7	2	9	5	8	6	1	4	3
5	6	1	3	9	4	8	7	2
3	8	4	2	7	1	9	5	6

Solution# 28

9	8	3	4	2	1	7	6	5
1	6	4	7	9	5	8	3	2
7	2	5	8	6	3	4	9	1
4	3	7	9	5	6	2	1	8
2	9	1	3	4	8	5	7	6
6	5	8	1	7	2	3	4	9
5	4	9	2	1	7	6	8	3
8	7	2	6	3	9	1	5	4
3	1	6	5	8	4	9	2	7

Solution# 29

5	4	3	7	1	2	9	8	6
9	2	8	6	4	5	7	3	1
6	1	7	8	9	3	2	5	4
1	3	4	9	5	7	6	2	8
7	5	2	3	6	8	1	4	9
8	9	6	1	2	4	5	7	3
3	8	9	5	7	1	4	6	2
4	7	1	2	3	6	8	9	5
2	6	5	4	8	9	3	1	7

Solution# 30

8	4	6	2	5	3	1	9	7
1	5	2	8	7	9	4	3	6
9	3	7	4	6	1	8	5	2
6	8	3	9	1	7	2	4	5
5	7	4	6	8	2	9	1	3
2	1	9	5	3	4	6	7	8
3	6	1	7	4	8	5	2	9
7	2	8	1	9	5	3	6	4
4	9	5	3	2	6	7	8	1

Solution# 31

6	1	2	3	4	5	7	8	9
7	9	5	6	2	8	3	4	1
3	4	8	7	9	1	5	6	2
9	7	6	4	8	3	2	1	5
4	5	3	1	7	2	6	9	8
8	2	1	5	6	9	4	3	7
2	3	7	8	1	6	9	5	4
5	8	4	9	3	7	1	2	6
1	6	9	2	5	4	8	7	3

Solution# 32

9	2	4	5	7	8	6	1	3
8	6	1	4	2	3	7	9	5
7	5	3	9	6	1	4	8	2
3	7	2	1	4	9	8	5	6
1	4	8	3	5	6	9	2	7
6	9	5	7	8	2	1	3	4
5	1	7	2	9	4	3	6	8
2	8	9	6	3	7	5	4	1
4	3	6	8	1	5	2	7	9

Solution# 33

7	1	8	6	2	4	3	9	5
3	2	5	1	9	7	4	6	8
4	9	6	3	8	5	1	2	7
2	6	4	5	1	8	7	3	9
8	3	1	2	7	9	5	4	6
9	5	7	4	3	6	8	1	2
6	7	9	8	4	1	2	5	3
5	4	3	7	6	2	9	8	1
1	8	2	9	5	3	6	7	4

Solution# 34

8	5	1	9	3	6	2	4	7
9	3	2	4	7	5	6	8	1
6	4	7	1	8	2	3	5	9
5	2	6	7	9	4	1	3	8
7	9	3	8	5	1	4	2	6
1	8	4	6	2	3	9	7	5
2	7	5	3	6	9	8	1	4
3	1	9	5	4	8	7	6	2
4	6	8	2	1	7	5	9	3

Solution# 35

3	6	9	8	4	5	7	1	2
2	8	7	9	1	6	4	3	5
4	1	5	3	7	2	6	8	9
7	2	4	6	3	1	5	9	8
5	3	6	2	9	8	1	4	7
8	9	1	7	5	4	2	6	3
1	4	3	5	2	9	8	7	6
6	7	2	4	8	3	9	5	1
9	5	8	1	6	7	3	2	4

Solution# 36

2	8	3	1	6	5	7	4	9
4	6	9	8	7	2	1	3	5
5	7	1	9	3	4	6	2	8
3	9	8	7	2	1	5	6	4
1	2	7	5	4	6	8	9	3
6	4	5	3	8	9	2	1	7
8	5	4	6	1	3	9	7	2
9	3	6	2	5	7	4	8	1
7	1	2	4	9	8	3	5	6

Solution# 37

5	7	2	1	4	8	3	6	9
3	4	8	9	7	6	1	5	2
6	9	1	2	3	5	7	4	8
1	3	5	7	6	2	9	8	4
2	8	9	3	5	4	6	7	1
4	6	7	8	1	9	2	3	5
7	5	4	6	9	1	8	2	3
8	1	6	5	2	3	4	9	7
9	2	3	4	8	7	5	1	6

Solution# 38

8	5	9	6	4	1	3	2	7
3	2	4	9	8	7	1	5	6
1	6	7	2	3	5	9	4	8
4	1	3	8	6	2	7	9	5
5	7	2	1	9	4	8	6	3
9	8	6	7	5	3	4	1	2
7	9	8	4	2	6	5	3	1
6	3	1	5	7	9	2	8	4
2	4	5	3	1	8	6	7	9

Solution# 39

7	5	8	3	9	4	2	6	1
6	9	3	8	1	2	7	5	4
2	1	4	6	7	5	9	3	8
9	8	2	4	5	3	1	7	6
1	4	7	9	2	6	5	8	3
5	3	6	7	8	1	4	2	9
3	2	5	1	6	9	8	4	7
4	7	1	2	3	8	6	9	5
8	6	9	5	4	7	3	1	2

Solution# 40

8	2	7	5	9	3	1	6	4
3	4	9	7	1	6	2	5	8
1	6	5	4	8	2	3	7	9
5	7	1	9	6	8	4	3	2
4	8	2	3	5	1	7	9	6
6	9	3	2	7	4	8	1	5
7	3	6	8	2	5	9	4	1
9	1	8	6	4	7	5	2	3
2	5	4	1	3	9	6	8	7

Solution# 41

3	2	4	1	8	6	9	5	7
6	9	7	3	5	4	8	2	1
8	5	1	2	9	7	3	4	6
1	7	5	4	3	2	6	9	8
2	6	9	5	1	8	7	3	4
4	8	3	7	6	9	2	1	5
9	4	6	8	2	5	1	7	3
7	3	2	6	4	1	5	8	9
5	1	8	9	7	3	4	6	2

Solution# 42

3	4	5	2	1	6	8	9	7
7	2	8	5	9	3	1	6	4
1	6	9	7	4	8	3	5	2
2	3	7	4	6	5	9	1	8
8	9	4	3	7	1	5	2	6
5	1	6	8	2	9	4	7	3
6	8	1	9	3	7	2	4	5
4	7	3	1	5	2	6	8	9
9	5	2	6	8	4	7	3	1

Solution# 43

3	9	7	4	1	6	8	5	2
8	4	6	2	3	5	7	9	1
1	2	5	7	9	8	4	6	3
5	1	3	9	2	4	6	8	7
4	7	8	1	6	3	5	2	9
2	6	9	8	5	7	1	3	4
9	3	4	5	8	1	2	7	6
6	8	1	3	7	2	9	4	5
7	5	2	6	4	9	3	1	8

Solution# 44

3	4	8	7	5	2	9	1	6
9	6	2	3	1	8	5	7	4
5	7	1	9	4	6	8	2	3
4	5	3	6	7	1	2	9	8
6	2	7	5	8	9	3	4	1
1	8	9	4	2	3	6	5	7
7	3	4	2	6	5	1	8	9
2	1	6	8	9	4	7	3	5
8	9	5	1	3	7	4	6	2

Solution# 45

4	5	2	9	8	3	7	1	6
9	6	1	4	7	5	2	8	3
3	8	7	2	6	1	9	4	5
6	4	3	8	1	2	5	9	7
7	1	5	6	9	4	3	2	8
8	2	9	5	3	7	1	6	4
2	3	6	7	4	9	8	5	1
1	9	4	3	5	8	6	7	2
5	7	8	1	2	6	4	3	9

Solution# 46

4	8	6	5	2	7	3	1	9
1	9	5	6	4	3	2	8	7
7	2	3	9	8	1	4	5	6
5	4	8	1	6	9	7	2	3
3	1	9	2	7	4	5	6	8
2	6	7	3	5	8	9	4	1
8	7	1	4	9	2	6	3	5
6	3	2	7	1	5	8	9	4
9	5	4	8	3	6	1	7	2

Solution# 47

8	2	9	6	1	7	4	5	3
3	4	5	8	2	9	6	7	1
6	1	7	5	4	3	9	8	2
1	3	6	4	7	2	8	9	5
5	8	2	9	3	6	7	1	4
7	9	4	1	5	8	2	3	6
9	5	8	2	6	1	3	4	7
2	7	1	3	9	4	5	6	8
4	6	3	7	8	5	1	2	9

Solution# 48

8	1	3	4	6	2	5	7	9
7	5	2	3	1	9	8	4	6
9	6	4	5	8	7	3	2	1
6	2	1	8	7	5	4	9	3
4	7	8	1	9	3	2	6	5
5	3	9	6	2	4	7	1	8
1	4	7	9	5	8	6	3	2
2	9	5	7	3	6	1	8	4
3	8	6	2	4	1	9	5	7

Solution# 49

5	3	6	2	9	4	7	8	1
2	8	4	1	7	6	3	5	9
9	7	1	5	8	3	6	2	4
3	6	8	9	4	2	5	1	7
7	4	9	8	5	1	2	3	6
1	2	5	6	3	7	9	4	8
4	5	3	7	6	8	1	9	2
8	1	7	3	2	9	4	6	5
6	9	2	4	1	5	8	7	3

Solution# 50

6	9	5	8	3	7	1	2	4
8	2	1	6	4	5	9	3	7
7	4	3	1	9	2	8	5	6
2	1	7	9	6	3	5	4	8
4	3	9	5	8	1	6	7	2
5	6	8	7	2	4	3	9	1
1	8	4	3	7	9	2	6	5
3	5	2	4	1	6	7	8	9
9	7	6	2	5	8	4	1	3

Solution# 51

7	3	9	4	2	8	1	6	5
4	8	2	6	5	1	3	7	9
6	5	1	7	9	3	8	2	4
8	4	6	5	3	7	2	9	1
1	2	7	9	8	4	5	3	6
5	9	3	1	6	2	4	8	7
2	7	5	8	1	9	6	4	3
9	6	8	3	4	5	7	1	2
3	1	4	2	7	6	9	5	8

Solution# 52

6	7	3	2	4	5	8	1	9
1	9	2	3	7	8	4	6	5
8	5	4	6	1	9	7	3	2
9	8	1	5	2	6	3	7	4
5	3	6	4	8	7	9	2	1
2	4	7	1	9	3	5	8	6
3	6	8	9	5	2	1	4	7
7	1	5	8	6	4	2	9	3
4	2	9	7	3	1	6	5	8

Solution# 53

3	5	1	9	8	7	4	6	2
6	9	4	5	1	2	8	7	3
2	7	8	4	3	6	5	1	9
5	8	3	7	9	1	2	4	6
7	4	9	6	2	3	1	8	5
1	2	6	8	4	5	9	3	7
9	1	2	3	6	8	7	5	4
8	6	7	2	5	4	3	9	1
4	3	5	1	7	9	6	2	8

Solution# 54

6	3	9	8	7	1	2	4	5
5	7	1	2	4	9	8	6	3
4	2	8	3	6	5	9	7	1
8	4	3	6	5	2	7	1	9
2	9	6	7	1	3	5	8	4
1	5	7	4	9	8	6	3	2
9	6	4	5	3	7	1	2	8
3	8	5	1	2	6	4	9	7
7	1	2	9	8	4	3	5	6

Solution# 55

1	8	9	4	2	7	6	5	3
6	7	4	3	8	5	2	9	1
3	2	5	6	9	1	4	7	8
7	4	1	2	3	9	5	8	6
8	9	2	5	6	4	3	1	7
5	3	6	1	7	8	9	2	4
2	1	3	7	5	6	8	4	9
9	5	7	8	4	3	1	6	2
4	6	8	9	1	2	7	3	5

Solution# 56

5	1	3	4	7	8	9	6	2
2	4	6	5	1	9	8	7	3
9	8	7	2	6	3	5	4	1
7	6	9	1	8	2	3	5	4
3	2	8	9	4	5	7	1	6
4	5	1	6	3	7	2	9	8
8	3	4	7	5	1	6	2	9
1	9	5	8	2	6	4	3	7
6	7	2	3	9	4	1	8	5

Solution# 57

4	6	1	9	3	2	7	5	8
8	5	3	7	6	1	2	4	9
2	9	7	4	8	5	1	3	6
7	4	5	1	2	8	9	6	3
6	8	2	3	5	9	4	1	7
1	3	9	6	7	4	8	2	5
3	1	8	5	4	7	6	9	2
9	7	6	2	1	3	5	8	4
5	2	4	8	9	6	3	7	1

Solution# 58

6	9	2	4	8	7	1	3	5
3	4	7	2	5	1	8	6	9
1	8	5	9	6	3	2	7	4
4	1	6	5	9	2	7	8	3
9	2	8	7	3	4	6	5	1
5	7	3	6	1	8	4	9	2
2	5	9	1	7	6	3	4	8
8	6	1	3	4	9	5	2	7
7	3	4	8	2	5	9	1	6

Solution# 59

1	8	3	7	4	2	5	9	6
6	5	7	9	3	8	4	2	1
4	2	9	6	5	1	7	8	3
3	1	6	8	2	5	9	7	4
2	9	5	3	7	4	1	6	8
7	4	8	1	9	6	3	5	2
9	7	4	2	6	3	8	1	5
5	6	1	4	8	9	2	3	7
8	3	2	5	1	7	6	4	9

Solution# 60

9	1	8	5	4	6	7	3	2
2	7	6	9	3	8	5	4	1
5	4	3	7	2	1	6	9	8
8	2	1	4	7	5	3	6	9
3	6	7	2	1	9	4	8	5
4	9	5	6	8	3	2	1	7
6	8	4	1	5	7	9	2	3
1	5	9	3	6	2	8	7	4
7	3	2	8	9	4	1	5	6

Solution# 61

9	5	3	8	1	7	6	2	4
2	4	7	6	3	9	5	1	8
8	6	1	5	2	4	9	3	7
5	3	4	7	8	6	2	9	1
1	9	6	2	4	5	8	7	3
7	2	8	3	9	1	4	5	6
3	1	5	9	6	8	7	4	2
4	8	9	1	7	2	3	6	5
6	7	2	4	5	3	1	8	9

Solution# 62

9	7	1	3	5	2	6	4	8
3	8	6	9	1	4	2	5	7
4	2	5	7	6	8	9	3	1
1	4	7	5	3	9	8	6	2
2	5	9	1	8	6	3	7	4
6	3	8	2	4	7	1	9	5
5	9	3	4	2	1	7	8	6
8	1	4	6	7	3	5	2	9
7	6	2	8	9	5	4	1	3

Solution# 63

4	3	8	5	9	1	7	2	6
6	9	1	8	7	2	5	3	4
7	2	5	3	6	4	1	8	9
8	1	4	2	3	7	6	9	5
3	5	9	6	1	8	4	7	2
2	7	6	4	5	9	3	1	8
1	8	7	9	4	6	2	5	3
9	6	3	1	2	5	8	4	7
5	4	2	7	8	3	9	6	1

Solution# 64

9	7	4	1	3	8	5	6	2
2	5	3	9	6	7	4	1	8
1	6	8	5	4	2	3	7	9
6	3	9	7	5	1	2	8	4
4	2	5	3	8	6	7	9	1
7	8	1	4	2	9	6	5	3
8	4	7	2	9	5	1	3	6
5	9	2	6	1	3	8	4	7
3	1	6	8	7	4	9	2	5

Solution# 65

7	3	4	8	5	9	2	1	6
8	1	2	6	3	7	4	9	5
6	9	5	4	2	1	7	3	8
2	7	9	5	8	6	3	4	1
4	5	6	1	7	3	9	8	2
3	8	1	9	4	2	6	5	7
5	2	3	7	9	8	1	6	4
9	6	8	2	1	4	5	7	3
1	4	7	3	6	5	8	2	9

Solution# 66

7	8	4	2	9	5	1	6	3
3	6	9	4	1	8	2	5	7
5	1	2	6	3	7	9	8	4
2	3	1	5	8	6	7	4	9
6	5	7	9	4	1	3	2	8
9	4	8	7	2	3	5	1	6
1	7	6	8	5	9	4	3	2
4	9	3	1	6	2	8	7	5
8	2	5	3	7	4	6	9	1

Solution# 67

3	9	7	1	5	8	4	6	2
2	8	5	6	9	4	7	3	1
6	1	4	7	2	3	8	9	5
1	2	3	4	8	5	6	7	9
8	5	6	2	7	9	1	4	3
4	7	9	3	1	6	5	2	8
7	3	8	5	6	2	9	1	4
9	4	1	8	3	7	2	5	6
5	6	2	9	4	1	3	8	7

Solution# 68

4	5	7	1	8	3	6	2	9
1	8	2	6	4	9	7	3	5
3	6	9	5	2	7	4	8	1
8	7	6	3	5	2	9	1	4
5	2	4	9	6	1	3	7	8
9	1	3	4	7	8	2	5	6
7	4	5	2	1	6	8	9	3
2	3	1	8	9	4	5	6	7
6	9	8	7	3	5	1	4	2

Solution# 69

4	6	9	8	3	1	2	7	5
5	8	7	4	6	2	9	1	3
2	1	3	5	7	9	6	8	4
9	7	2	3	5	4	1	6	8
1	4	8	7	9	6	3	5	2
3	5	6	1	2	8	4	9	7
7	2	1	9	8	3	5	4	6
6	9	5	2	4	7	8	3	1
8	3	4	6	1	5	7	2	9

Solution# 70

9	8	1	2	3	5	6	4	7
6	7	5	8	4	9	2	3	1
2	3	4	7	1	6	5	9	8
3	2	9	6	8	4	7	1	5
5	4	8	3	7	1	9	2	6
7	1	6	9	5	2	4	8	3
1	6	2	5	9	8	3	7	4
4	9	3	1	6	7	8	5	2
8	5	7	4	2	3	1	6	9

Solution# 71

8	5	6	9	7	3	2	1	4
4	3	1	6	5	2	7	8	9
7	2	9	8	1	4	3	5	6
5	7	4	3	9	6	8	2	1
6	1	2	7	4	8	5	9	3
9	8	3	5	2	1	6	4	7
3	6	5	4	8	9	1	7	2
2	9	7	1	3	5	4	6	8
1	4	8	2	6	7	9	3	5

Solution# 72

9	2	3	5	6	1	8	7	4
7	4	5	8	2	9	3	6	1
1	8	6	4	3	7	2	5	9
4	5	2	9	1	6	7	8	3
3	1	7	2	5	8	4	9	6
6	9	8	3	7	4	5	1	2
8	6	4	7	9	3	1	2	5
5	3	9	1	8	2	6	4	7
2	7	1	6	4	5	9	3	8

Solution# 73

3	2	8	6	9	7	5	1	4
7	1	6	3	5	4	9	2	8
4	5	9	8	1	2	3	7	6
5	3	1	4	8	9	7	6	2
9	6	4	2	7	1	8	3	5
8	7	2	5	3	6	4	9	1
2	9	7	1	4	8	6	5	3
1	4	3	7	6	5	2	8	9
6	8	5	9	2	3	1	4	7

Solution# 74

4	6	5	8	2	3	7	1	9
2	1	9	6	4	7	5	3	8
7	3	8	1	5	9	6	4	2
5	9	3	4	6	1	2	8	7
8	7	1	5	3	2	4	9	6
6	4	2	9	7	8	3	5	1
9	2	4	3	8	6	1	7	5
3	8	6	7	1	5	9	2	4
1	5	7	2	9	4	8	6	3

Solution# 75

6	2	7	4	9	1	8	3	5
8	4	9	5	3	7	2	1	6
3	5	1	8	6	2	7	4	9
5	8	3	7	4	6	9	2	1
4	9	2	1	5	3	6	8	7
1	7	6	9	2	8	4	5	3
7	6	5	2	1	4	3	9	8
9	3	4	6	8	5	1	7	2
2	1	8	3	7	9	5	6	4

Solution# 76

4	2	1	3	8	6	5	7	9
7	5	3	9	2	4	1	6	8
9	6	8	1	7	5	2	3	4
8	7	5	4	6	2	3	9	1
1	3	4	5	9	7	8	2	6
2	9	6	8	1	3	4	5	7
5	4	7	6	3	8	9	1	2
3	1	2	7	4	9	6	8	5
6	8	9	2	5	1	7	4	3

Solution# 77

6	9	1	8	2	7	4	5	3
2	3	8	4	6	5	9	7	1
7	5	4	1	9	3	2	6	8
3	6	9	7	5	1	8	2	4
1	8	7	2	4	6	3	9	5
4	2	5	9	3	8	6	1	7
5	7	3	6	8	2	1	4	9
9	1	6	3	7	4	5	8	2
8	4	2	5	1	9	7	3	6

Solution# 78

4	5	3	8	1	7	6	9	2
2	6	7	5	3	9	4	1	8
1	8	9	4	2	6	7	5	3
8	4	1	7	5	2	3	6	9
5	3	6	9	8	1	2	4	7
9	7	2	3	6	4	5	8	1
7	2	8	6	9	5	1	3	4
6	9	4	1	7	3	8	2	5
3	1	5	2	4	8	9	7	6

Solution# 79

7	9	4	5	6	1	8	3	2
1	3	6	9	8	2	7	5	4
5	8	2	4	7	3	9	6	1
6	2	8	1	3	7	4	9	5
9	5	1	2	4	6	3	8	7
4	7	3	8	9	5	2	1	6
3	6	9	7	5	4	1	2	8
2	4	5	3	1	8	6	7	9
8	1	7	6	2	9	5	4	3

Solution# 80

2	1	9	3	7	8	6	4	5
7	8	4	5	6	9	3	2	1
6	3	5	4	2	1	8	9	7
3	9	6	2	4	5	1	7	8
5	2	1	6	8	7	9	3	4
8	4	7	1	9	3	2	5	6
1	7	3	8	5	2	4	6	9
9	6	8	7	3	4	5	1	2
4	5	2	9	1	6	7	8	3

Solution# 81

8	6	4	9	5	3	1	2	7
7	2	5	6	1	4	9	3	8
1	9	3	8	2	7	6	5	4
2	8	9	4	6	1	3	7	5
3	7	6	5	9	2	8	4	1
4	5	1	7	3	8	2	9	6
5	4	2	3	8	6	7	1	9
9	1	8	2	7	5	4	6	3
6	3	7	1	4	9	5	8	2

Solution# 82

8	2	6	7	4	1	5	3	9
1	9	7	6	3	5	8	4	2
5	4	3	2	8	9	7	1	6
3	8	9	5	7	6	1	2	4
7	6	4	1	2	8	3	9	5
2	1	5	3	9	4	6	7	8
9	7	1	8	6	2	4	5	3
6	3	2	4	5	7	9	8	1
4	5	8	9	1	3	2	6	7

Solution# 83

2	3	5	1	9	4	7	6	8
6	1	8	3	7	5	4	9	2
4	9	7	8	2	6	1	5	3
3	4	1	5	6	7	8	2	9
8	6	9	2	4	3	5	7	1
5	7	2	9	1	8	6	3	4
1	5	3	7	8	9	2	4	6
9	8	4	6	5	2	3	1	7
7	2	6	4	3	1	9	8	5

Solution# 84

6	3	9	5	2	1	4	8	7
8	7	1	9	3	4	6	5	2
5	4	2	7	8	6	3	9	1
9	2	6	3	5	7	8	1	4
3	1	4	2	6	8	9	7	5
7	5	8	1	4	9	2	3	6
1	6	3	4	9	5	7	2	8
4	9	7	8	1	2	5	6	3
2	8	5	6	7	3	1	4	9

Solution# 85

8	7	5	9	1	6	4	2	3
6	9	4	5	2	3	8	7	1
2	1	3	7	8	4	5	9	6
5	2	7	1	3	8	9	6	4
9	3	6	4	7	5	2	1	8
4	8	1	2	6	9	7	3	5
3	4	2	6	5	7	1	8	9
7	6	9	8	4	1	3	5	2
1	5	8	3	9	2	6	4	7

Solution# 86

1	4	7	9	2	8	3	6	5
6	2	9	5	3	1	7	4	8
3	8	5	7	4	6	2	1	9
8	7	1	2	5	4	9	3	6
4	6	3	1	9	7	8	5	2
9	5	2	6	8	3	1	7	4
7	1	4	8	6	9	5	2	3
2	9	6	3	7	5	4	8	1
5	3	8	4	1	2	6	9	7

Solution# 87

1	9	8	4	5	3	6	2	7
7	3	6	1	9	2	8	4	5
5	2	4	7	6	8	9	3	1
8	7	5	3	2	9	1	6	4
2	6	1	5	4	7	3	8	9
9	4	3	6	8	1	7	5	2
3	8	7	2	1	4	5	9	6
6	1	2	9	3	5	4	7	8
4	5	9	8	7	6	2	1	3

Solution# 88

3	6	1	5	2	7	8	9	4
7	2	4	8	1	9	5	3	6
5	9	8	4	6	3	2	7	1
9	3	6	7	8	4	1	2	5
8	5	2	1	9	6	3	4	7
4	1	7	3	5	2	6	8	9
1	4	5	2	7	8	9	6	3
6	8	3	9	4	5	7	1	2
2	7	9	6	3	1	4	5	8

Solution# 89

1	4	5	8	2	3	7	6	9
9	3	8	6	7	1	4	5	2
2	6	7	5	9	4	3	1	8
3	2	9	7	8	5	1	4	6
5	1	6	9	4	2	8	3	7
8	7	4	1	3	6	2	9	5
6	8	3	4	5	7	9	2	1
7	5	2	3	1	9	6	8	4
4	9	1	2	6	8	5	7	3

Solution# 90

9	5	3	2	1	7	8	6	4
1	4	8	3	6	9	7	5	2
7	2	6	5	8	4	9	1	3
5	7	1	6	9	2	4	3	8
2	3	4	1	7	8	6	9	5
8	6	9	4	5	3	1	2	7
3	1	2	8	4	6	5	7	9
4	9	5	7	2	1	3	8	6
6	8	7	9	3	5	2	4	1

Solution# 91

6	4	2	8	7	5	3	1	9
8	3	5	9	1	2	7	6	4
1	9	7	6	3	4	2	5	8
2	7	6	3	9	1	4	8	5
3	5	9	4	8	6	1	2	7
4	1	8	5	2	7	6	9	3
7	6	3	1	5	9	8	4	2
9	2	4	7	6	8	5	3	1
5	8	1	2	4	3	9	7	6

Solution# 92

9	4	1	3	5	6	2	7	8
2	3	8	1	4	7	9	5	6
7	6	5	2	8	9	4	3	1
8	2	7	6	9	5	3	1	4
1	5	6	4	3	8	7	9	2
4	9	3	7	2	1	8	6	5
5	7	4	8	1	3	6	2	9
6	1	2	9	7	4	5	8	3
3	8	9	5	6	2	1	4	7

Solution# 93

8	6	1	2	7	5	9	3	4
5	7	4	3	9	1	6	8	2
2	9	3	6	8	4	5	1	7
3	4	9	5	1	7	8	2	6
7	5	6	8	2	9	3	4	1
1	2	8	4	3	6	7	9	5
6	3	5	1	4	8	2	7	9
4	8	7	9	6	2	1	5	3
9	1	2	7	5	3	4	6	8

Solution# 94

9	6	4	2	1	5	7	8	3
8	1	2	3	9	7	6	5	4
7	5	3	8	6	4	2	9	1
1	3	7	9	2	6	5	4	8
6	9	5	4	3	8	1	2	7
4	2	8	7	5	1	9	3	6
3	7	6	5	4	9	8	1	2
2	8	9	1	7	3	4	6	5
5	4	1	6	8	2	3	7	9

Solution# 95

6	8	3	7	5	2	4	9	1
1	7	4	6	8	9	2	5	3
5	2	9	1	4	3	8	6	7
7	6	5	9	2	4	3	1	8
2	4	8	3	1	5	9	7	6
9	3	1	8	6	7	5	2	4
4	1	6	5	9	8	7	3	2
3	5	2	4	7	1	6	8	9
8	9	7	2	3	6	1	4	5

Solution# 96

6	4	1	9	2	5	3	7	8
3	7	9	6	4	8	2	1	5
5	2	8	1	7	3	4	9	6
4	5	2	7	6	1	8	3	9
9	8	6	4	3	2	1	5	7
1	3	7	8	5	9	6	4	2
2	1	5	3	8	7	9	6	4
7	6	3	2	9	4	5	8	1
8	9	4	5	1	6	7	2	3

Solution# 97

9	6	4	8	3	5	2	7	1
5	7	8	1	2	6	9	3	4
1	3	2	4	7	9	5	8	6
3	5	7	2	8	4	6	1	9
6	4	1	7	9	3	8	2	5
2	8	9	6	5	1	3	4	7
8	1	5	9	4	2	7	6	3
4	2	3	5	6	7	1	9	8
7	9	6	3	1	8	4	5	2

Solution# 98

3	9	1	8	7	5	2	4	6
7	4	5	2	6	1	8	9	3
8	6	2	3	4	9	7	1	5
2	3	4	1	8	6	9	5	7
6	5	8	4	9	7	1	3	2
9	1	7	5	2	3	6	8	4
1	7	9	6	5	4	3	2	8
5	2	6	9	3	8	4	7	1
4	8	3	7	1	2	5	6	9

Solution# 99

4	3	6	8	9	5	2	1	7
8	9	1	2	4	7	3	5	6
5	7	2	1	6	3	9	8	4
9	6	5	3	2	1	7	4	8
1	2	4	7	8	9	6	3	5
7	8	3	6	5	4	1	9	2
6	1	8	4	3	2	5	7	9
3	4	9	5	7	6	8	2	1
2	5	7	9	1	8	4	6	3

Solution# 100

6	5	2	7	4	3	8	1	9
9	4	1	6	8	2	7	5	3
7	3	8	1	5	9	2	4	6
8	6	4	2	1	7	3	9	5
5	1	9	4	3	8	6	2	7
2	7	3	5	9	6	1	8	4
3	2	5	9	6	1	4	7	8
1	9	6	8	7	4	5	3	2
4	8	7	3	2	5	9	6	1

Solution# 101

4	6	2	3	8	1	9	5	7
5	8	1	4	9	7	3	6	2
9	7	3	5	2	6	4	1	8
3	1	6	9	4	2	8	7	5
2	9	8	7	3	5	1	4	6
7	5	4	1	6	8	2	3	9
8	3	9	6	5	4	7	2	1
6	4	7	2	1	9	5	8	3
1	2	5	8	7	3	6	9	4

Solution# 102

1	3	5	9	7	4	8	2	6
4	8	9	5	2	6	3	1	7
7	2	6	3	1	8	5	9	4
3	4	2	7	6	9	1	8	5
6	9	8	4	5	1	2	7	3
5	7	1	2	8	3	6	4	9
8	1	7	6	9	5	4	3	2
9	5	4	1	3	2	7	6	8
2	6	3	8	4	7	9	5	1

Solution# 103

7	4	9	5	6	3	2	8	1
2	5	6	1	4	8	3	9	7
8	3	1	9	2	7	6	5	4
1	6	7	3	9	2	5	4	8
4	9	2	8	1	5	7	6	3
3	8	5	4	7	6	9	1	2
9	7	4	2	5	1	8	3	6
5	2	3	6	8	4	1	7	9
6	1	8	7	3	9	4	2	5

Solution# 104

7	9	8	3	4	6	2	5	1
5	4	3	1	2	7	8	9	6
2	6	1	8	5	9	4	7	3
6	5	4	7	9	3	1	2	8
3	1	7	2	8	5	6	4	9
8	2	9	4	6	1	5	3	7
4	3	5	6	7	8	9	1	2
1	8	2	9	3	4	7	6	5
9	7	6	5	1	2	3	8	4

Solution# 105

4	8	7	6	3	1	2	5	9
2	1	5	8	7	9	6	3	4
6	3	9	5	4	2	8	7	1
5	6	2	1	9	4	3	8	7
1	4	8	3	5	7	9	6	2
7	9	3	2	8	6	1	4	5
3	2	4	9	6	5	7	1	8
9	7	6	4	1	8	5	2	3
8	5	1	7	2	3	4	9	6

Solution# 106

2	1	7	8	4	5	3	6	9
5	6	8	3	7	9	4	2	1
9	4	3	1	6	2	5	7	8
7	3	2	6	8	4	9	1	5
8	5	6	2	9	1	7	4	3
1	9	4	7	5	3	6	8	2
6	2	1	5	3	7	8	9	4
4	7	5	9	2	8	1	3	6
3	8	9	4	1	6	2	5	7

Solution# 107

6	9	5	2	8	4	7	1	3
4	7	8	1	9	3	5	6	2
1	2	3	6	5	7	8	9	4
9	3	1	5	2	6	4	8	7
2	6	7	9	4	8	3	5	1
8	5	4	7	3	1	6	2	9
5	1	6	4	7	9	2	3	8
3	4	2	8	1	5	9	7	6
7	8	9	3	6	2	1	4	5

Solution# 108

7	6	8	4	9	3	5	1	2
3	5	9	2	1	8	4	7	6
2	4	1	5	7	6	3	9	8
5	9	6	8	2	4	7	3	1
1	3	4	7	6	5	2	8	9
8	7	2	9	3	1	6	5	4
9	1	5	3	4	2	8	6	7
4	8	7	6	5	9	1	2	3
6	2	3	1	8	7	9	4	5

Solution# 109

7	3	4	2	9	6	1	5	8
9	2	6	1	5	8	3	4	7
8	5	1	7	4	3	6	2	9
5	8	7	9	2	1	4	6	3
4	6	3	8	7	5	2	9	1
1	9	2	6	3	4	8	7	5
3	4	9	5	8	2	7	1	6
2	1	5	3	6	7	9	8	4
6	7	8	4	1	9	5	3	2

Solution# 110

8	5	6	7	2	9	1	4	3
2	4	1	5	3	6	8	9	7
3	7	9	1	4	8	5	6	2
9	3	2	4	7	5	6	8	1
5	1	8	3	6	2	9	7	4
7	6	4	8	9	1	3	2	5
4	2	5	9	8	3	7	1	6
1	9	7	6	5	4	2	3	8
6	8	3	2	1	7	4	5	9

Solution# 111

9	2	3	4	8	5	1	6	7
4	5	7	3	1	6	2	8	9
8	6	1	9	2	7	3	5	4
2	8	4	1	6	3	7	9	5
7	1	9	2	5	4	6	3	8
6	3	5	8	7	9	4	2	1
1	9	2	6	4	8	5	7	3
3	7	6	5	9	1	8	4	2
5	4	8	7	3	2	9	1	6

Solution# 112

2	6	8	3	1	9	5	7	4
5	4	9	8	2	7	3	1	6
7	3	1	5	4	6	2	9	8
3	7	4	1	5	8	6	2	9
1	9	6	4	7	2	8	3	5
8	2	5	6	9	3	1	4	7
4	5	2	7	8	1	9	6	3
6	1	7	9	3	5	4	8	2
9	8	3	2	6	4	7	5	1

Solution# 113

4	9	7	2	5	8	3	1	6
3	2	6	1	4	7	8	9	5
8	5	1	3	6	9	7	4	2
5	8	4	7	9	6	1	2	3
7	1	2	8	3	4	6	5	9
9	6	3	5	2	1	4	7	8
2	4	9	6	1	3	5	8	7
6	7	5	4	8	2	9	3	1
1	3	8	9	7	5	2	6	4

Solution# 114

9	7	5	2	6	1	3	8	4
2	1	8	3	4	9	7	6	5
6	3	4	8	7	5	9	1	2
8	9	3	6	2	4	5	7	1
7	5	6	1	8	3	2	4	9
4	2	1	5	9	7	6	3	8
1	4	7	9	5	6	8	2	3
3	8	9	7	1	2	4	5	6
5	6	2	4	3	8	1	9	7

Solution# 115

4	2	1	5	3	7	6	8	9
9	7	3	1	6	8	5	4	2
6	5	8	4	2	9	1	7	3
3	4	2	7	1	6	9	5	8
5	9	6	8	4	3	2	1	7
1	8	7	9	5	2	3	6	4
7	6	4	2	9	5	8	3	1
8	3	9	6	7	1	4	2	5
2	1	5	3	8	4	7	9	6

Solution# 116

4	7	3	6	1	8	9	2	5
6	9	5	3	2	4	1	7	8
8	2	1	5	7	9	4	6	3
3	8	6	4	9	1	2	5	7
5	1	9	7	3	2	8	4	6
2	4	7	8	5	6	3	9	1
1	5	4	9	8	7	6	3	2
7	6	2	1	4	3	5	8	9
9	3	8	2	6	5	7	1	4

Solution# 117

8	5	2	3	4	7	1	6	9
9	3	1	2	8	6	7	4	5
4	7	6	5	1	9	3	2	8
7	1	4	6	5	8	9	3	2
2	6	5	7	9	3	4	8	1
3	8	9	4	2	1	6	5	7
6	9	3	8	7	2	5	1	4
1	4	8	9	3	5	2	7	6
5	2	7	1	6	4	8	9	3

Solution# 118

9	6	4	8	2	3	7	1	5
3	7	5	6	1	4	8	2	9
2	1	8	7	9	5	3	6	4
7	5	6	9	4	8	2	3	1
4	3	2	1	7	6	9	5	8
8	9	1	5	3	2	4	7	6
1	8	7	3	6	9	5	4	2
5	2	3	4	8	1	6	9	7
6	4	9	2	5	7	1	8	3

Solution# 119

5	7	3	2	6	1	8	4	9
8	4	2	7	3	9	6	5	1
6	9	1	4	8	5	2	3	7
9	6	8	3	1	4	7	2	5
1	5	4	9	2	7	3	8	6
3	2	7	8	5	6	9	1	4
2	1	5	6	7	3	4	9	8
7	3	9	1	4	8	5	6	2
4	8	6	5	9	2	1	7	3

Solution# 120

3	4	2	9	1	8	7	5	6
6	5	7	2	4	3	1	8	9
8	9	1	5	7	6	3	2	4
1	7	3	4	5	2	9	6	8
4	6	8	3	9	1	2	7	5
5	2	9	6	8	7	4	1	3
2	3	4	1	6	5	8	9	7
7	1	6	8	3	9	5	4	2
9	8	5	7	2	4	6	3	1

Solution# 121

8	5	1	7	9	2	3	4	6
9	6	2	4	3	5	1	7	8
3	7	4	8	6	1	5	9	2
1	3	7	6	4	8	2	5	9
6	9	5	2	1	7	8	3	4
4	2	8	3	5	9	6	1	7
7	1	3	9	2	6	4	8	5
5	8	6	1	7	4	9	2	3
2	4	9	5	8	3	7	6	1

Solution# 122

4	3	8	1	9	6	2	7	5
2	9	6	7	3	5	4	8	1
5	7	1	2	4	8	3	6	9
6	1	5	9	8	3	7	4	2
3	2	4	6	5	7	9	1	8
7	8	9	4	1	2	5	3	6
1	6	3	5	2	4	8	9	7
9	4	2	8	7	1	6	5	3
8	5	7	3	6	9	1	2	4

Solution# 123

9	6	2	4	3	8	7	5	1
4	3	1	5	2	7	8	6	9
8	7	5	1	6	9	4	2	3
5	4	6	2	9	1	3	7	8
3	9	7	8	5	6	2	1	4
1	2	8	3	7	4	6	9	5
6	1	4	9	8	2	5	3	7
2	8	3	7	1	5	9	4	6
7	5	9	6	4	3	1	8	2

Solution# 124

2	3	5	6	4	1	7	8	9
8	1	9	7	5	2	3	6	4
7	6	4	8	3	9	2	5	1
9	8	3	5	2	4	6	1	7
6	5	1	3	9	7	8	4	2
4	2	7	1	8	6	9	3	5
5	7	6	2	1	8	4	9	3
3	9	2	4	6	5	1	7	8
1	4	8	9	7	3	5	2	6

Solution# 125

5	1	7	9	2	6	8	3	4
9	2	8	4	1	3	5	7	6
6	4	3	7	8	5	1	2	9
1	8	9	3	7	4	6	5	2
3	5	6	1	9	2	4	8	7
2	7	4	6	5	8	3	9	1
7	9	5	8	4	1	2	6	3
4	3	2	5	6	7	9	1	8
8	6	1	2	3	9	7	4	5

Solution# 126

1	4	8	3	2	9	5	6	7
6	9	3	1	7	5	2	8	4
5	7	2	4	8	6	1	9	3
2	3	5	6	9	4	7	1	8
4	8	1	7	5	3	6	2	9
7	6	9	2	1	8	3	4	5
3	1	7	9	4	2	8	5	6
8	2	4	5	6	7	9	3	1
9	5	6	8	3	1	4	7	2

Solution# 127

3	6	2	8	7	1	5	9	4
9	1	5	4	3	2	6	8	7
4	7	8	5	9	6	3	1	2
8	4	6	7	1	5	2	3	9
5	3	1	9	2	8	4	7	6
2	9	7	3	6	4	8	5	1
7	5	4	2	8	9	1	6	3
1	8	9	6	4	3	7	2	5
6	2	3	1	5	7	9	4	8

Solution# 128

9	3	2	8	6	1	4	7	5
8	5	4	7	2	9	1	6	3
7	6	1	5	4	3	8	9	2
6	2	9	3	8	4	5	1	7
3	8	5	9	1	7	6	2	4
4	1	7	2	5	6	9	3	8
2	4	6	1	7	8	3	5	9
5	9	8	6	3	2	7	4	1
1	7	3	4	9	5	2	8	6

Solution# 129

7	6	8	4	2	1	5	9	3
5	4	2	9	3	7	8	6	1
3	1	9	6	8	5	2	7	4
2	5	7	1	6	3	4	8	9
1	9	4	5	7	8	3	2	6
8	3	6	2	9	4	7	1	5
9	8	1	3	5	2	6	4	7
4	2	5	7	1	6	9	3	8
6	7	3	8	4	9	1	5	2

Solution# 130

2	4	7	5	9	3	8	6	1
9	8	6	2	1	7	3	4	5
5	1	3	8	4	6	2	9	7
6	5	9	4	2	1	7	8	3
4	7	2	6	3	8	5	1	9
1	3	8	9	7	5	6	2	4
8	6	4	7	5	9	1	3	2
3	2	5	1	8	4	9	7	6
7	9	1	3	6	2	4	5	8

Solution# 131

1	2	6	7	5	8	4	3	9
9	5	7	4	1	3	6	8	2
3	4	8	6	2	9	1	7	5
5	8	2	1	3	4	7	9	6
7	3	1	2	9	6	8	5	4
4	6	9	5	8	7	3	2	1
8	9	4	3	6	5	2	1	7
2	7	3	9	4	1	5	6	8
6	1	5	8	7	2	9	4	3

Solution# 132

7	9	5	4	6	1	8	3	2
3	4	8	2	5	9	7	1	6
6	1	2	3	8	7	9	4	5
2	3	9	8	4	5	1	6	7
4	8	6	1	7	2	3	5	9
1	5	7	9	3	6	2	8	4
8	7	3	6	9	4	5	2	1
5	6	1	7	2	8	4	9	3
9	2	4	5	1	3	6	7	8

Solution# 133

2	1	4	7	5	3	8	6	9
6	3	8	1	9	2	5	7	4
9	7	5	4	8	6	1	2	3
5	4	7	6	3	8	2	9	1
8	2	1	5	7	9	4	3	6
3	9	6	2	1	4	7	5	8
1	5	3	9	4	7	6	8	2
4	6	9	8	2	5	3	1	7
7	8	2	3	6	1	9	4	5

Solution# 134

5	6	4	9	2	1	8	7	3
8	1	2	7	3	5	9	6	4
9	7	3	8	4	6	2	5	1
4	3	6	2	7	9	1	8	5
7	8	5	3	1	4	6	2	9
2	9	1	5	6	8	3	4	7
3	5	8	6	9	7	4	1	2
1	2	7	4	8	3	5	9	6
6	4	9	1	5	2	7	3	8

Solution# 135

3	1	9	6	4	7	5	2	8
8	6	5	3	9	2	1	4	7
2	7	4	1	8	5	9	3	6
4	8	7	2	1	9	3	6	5
1	2	3	7	5	6	8	9	4
5	9	6	4	3	8	7	1	2
6	5	2	9	7	3	4	8	1
9	4	8	5	6	1	2	7	3
7	3	1	8	2	4	6	5	9

Solution# 136

7	2	4	6	9	3	8	1	5
8	9	5	2	1	7	4	6	3
3	6	1	5	4	8	9	7	2
9	8	6	4	2	1	5	3	7
2	4	7	8	3	5	1	9	6
5	1	3	9	7	6	2	4	8
4	5	8	7	6	9	3	2	1
6	3	2	1	5	4	7	8	9
1	7	9	3	8	2	6	5	4

Solution# 137

1	5	2	8	7	3	4	9	6
7	8	4	6	2	9	1	3	5
9	3	6	5	4	1	8	7	2
8	2	7	1	9	5	3	6	4
5	1	3	2	6	4	9	8	7
6	4	9	3	8	7	2	5	1
4	9	8	7	1	6	5	2	3
3	7	1	9	5	2	6	4	8
2	6	5	4	3	8	7	1	9

Solution# 138

9	7	6	1	4	3	8	2	5
8	1	4	5	2	9	6	7	3
2	5	3	7	8	6	9	4	1
3	4	8	9	6	1	2	5	7
1	9	5	2	7	8	4	3	6
7	6	2	4	3	5	1	8	9
4	8	1	3	9	7	5	6	2
5	2	7	6	1	4	3	9	8
6	3	9	8	5	2	7	1	4

Solution# 139

5	4	6	8	3	9	2	1	7
1	9	3	4	7	2	6	5	8
7	8	2	5	6	1	4	3	9
3	7	9	1	4	6	5	8	2
4	1	5	9	2	8	7	6	3
2	6	8	3	5	7	9	4	1
6	3	7	2	8	4	1	9	5
8	2	1	6	9	5	3	7	4
9	5	4	7	1	3	8	2	6

Solution# 140

6	9	5	7	8	2	3	1	4
4	2	3	1	5	9	6	8	7
7	1	8	4	6	3	9	2	5
5	7	1	6	9	8	2	4	3
9	3	4	2	7	1	8	5	6
8	6	2	5	3	4	1	7	9
1	8	6	9	4	5	7	3	2
3	4	7	8	2	6	5	9	1
2	5	9	3	1	7	4	6	8

Solution# 141

5	9	6	2	4	8	1	7	3
2	7	3	6	1	9	4	8	5
8	4	1	3	7	5	6	2	9
4	2	5	9	3	1	8	6	7
7	1	8	4	5	6	3	9	2
3	6	9	8	2	7	5	1	4
1	3	2	7	8	4	9	5	6
9	5	4	1	6	2	7	3	8
6	8	7	5	9	3	2	4	1

Solution# 142

1	5	6	9	7	4	8	3	2
3	4	2	1	5	8	7	9	6
9	8	7	3	2	6	1	4	5
2	1	3	7	8	9	6	5	4
7	9	4	6	3	5	2	1	8
8	6	5	4	1	2	9	7	3
5	3	9	8	6	1	4	2	7
4	7	8	2	9	3	5	6	1
6	2	1	5	4	7	3	8	9

Solution# 143

5	4	9	7	8	3	2	6	1
7	2	8	4	1	6	9	5	3
6	3	1	5	9	2	4	8	7
3	8	7	9	6	4	1	2	5
2	1	4	3	5	8	7	9	6
9	5	6	1	2	7	8	3	4
1	7	2	6	3	9	5	4	8
8	6	5	2	4	1	3	7	9
4	9	3	8	7	5	6	1	2

Solution# 144

9	1	3	6	2	7	5	8	4
8	6	5	3	9	4	1	7	2
7	4	2	8	5	1	9	6	3
3	2	9	4	6	8	7	1	5
6	7	8	5	1	3	4	2	9
1	5	4	2	7	9	6	3	8
4	8	7	9	3	6	2	5	1
2	9	1	7	8	5	3	4	6
5	3	6	1	4	2	8	9	7

Solution# 145

7	8	9	6	1	3	5	2	4
6	2	1	5	4	9	8	3	7
5	3	4	2	7	8	9	6	1
1	5	2	4	9	6	3	7	8
3	4	6	7	8	5	1	9	2
9	7	8	1	3	2	6	4	5
8	6	7	3	2	1	4	5	9
4	1	3	9	5	7	2	8	6
2	9	5	8	6	4	7	1	3

Solution# 146

5	1	4	8	6	3	7	2	9
9	2	7	5	1	4	8	3	6
6	3	8	2	7	9	1	4	5
7	5	9	6	8	2	3	1	4
1	4	3	9	5	7	6	8	2
2	8	6	3	4	1	5	9	7
8	7	2	4	3	5	9	6	1
4	6	1	7	9	8	2	5	3
3	9	5	1	2	6	4	7	8

Solution# 147

8	3	6	4	7	5	9	2	1
5	9	1	3	2	6	8	7	4
7	2	4	9	8	1	3	5	6
2	6	7	8	9	4	1	3	5
4	5	3	1	6	7	2	8	9
1	8	9	5	3	2	4	6	7
9	7	5	2	4	8	6	1	3
3	1	2	6	5	9	7	4	8
6	4	8	7	1	3	5	9	2

Solution# 148

4	3	2	7	1	5	8	6	9
6	7	9	3	2	8	5	1	4
8	1	5	9	4	6	7	3	2
5	8	6	1	7	9	4	2	3
3	9	1	2	5	4	6	7	8
7	2	4	8	6	3	9	5	1
1	5	8	6	9	2	3	4	7
2	4	3	5	8	7	1	9	6
9	6	7	4	3	1	2	8	5

Solution# 149

3	8	7	9	5	1	4	2	6
9	4	6	8	2	7	3	5	1
1	5	2	4	3	6	8	7	9
5	9	8	6	4	3	7	1	2
7	1	4	2	8	5	9	6	3
6	2	3	1	7	9	5	8	4
8	3	9	5	1	2	6	4	7
4	7	1	3	6	8	2	9	5
2	6	5	7	9	4	1	3	8

Solution# 150

2	4	9	1	7	5	6	8	3
7	3	6	8	9	4	2	5	1
8	1	5	2	6	3	4	9	7
9	6	4	7	8	2	3	1	5
1	8	3	9	5	6	7	4	2
5	2	7	3	4	1	8	6	9
3	7	8	6	1	9	5	2	4
6	5	1	4	2	7	9	3	8
4	9	2	5	3	8	1	7	6

Solution# 151

9	8	5	7	6	3	1	2	4
6	3	4	1	2	9	5	7	8
7	1	2	4	8	5	3	6	9
3	6	8	5	9	2	4	1	7
4	5	7	3	1	8	2	9	6
2	9	1	6	7	4	8	3	5
5	2	6	8	3	7	9	4	1
8	7	9	2	4	1	6	5	3
1	4	3	9	5	6	7	8	2

Solution# 152

5	4	7	9	8	3	1	6	2
6	3	9	1	4	2	5	7	8
8	2	1	7	6	5	4	9	3
1	7	8	5	2	4	9	3	6
9	6	3	8	1	7	2	5	4
4	5	2	3	9	6	8	1	7
3	8	6	4	5	1	7	2	9
2	9	5	6	7	8	3	4	1
7	1	4	2	3	9	6	8	5

Solution# 153

3	6	5	1	9	2	7	4	8
4	8	2	6	7	3	9	5	1
9	1	7	5	4	8	2	6	3
6	7	8	2	5	9	3	1	4
2	9	4	3	1	6	8	7	5
5	3	1	4	8	7	6	9	2
1	2	6	7	3	5	4	8	9
8	5	3	9	6	4	1	2	7
7	4	9	8	2	1	5	3	6

Solution# 154

5	2	8	6	4	1	7	9	3
3	4	1	5	7	9	6	8	2
7	9	6	3	8	2	1	5	4
2	8	7	1	9	4	3	6	5
1	5	3	2	6	8	9	4	7
9	6	4	7	3	5	8	2	1
8	1	2	9	5	7	4	3	6
6	7	9	4	2	3	5	1	8
4	3	5	8	1	6	2	7	9

Solution# 155

9	4	2	8	1	3	7	6	5
7	3	8	2	5	6	4	9	1
6	5	1	7	4	9	8	3	2
3	6	5	9	8	2	1	4	7
8	7	4	1	3	5	6	2	9
2	1	9	6	7	4	5	8	3
4	9	3	5	6	1	2	7	8
1	2	7	4	9	8	3	5	6
5	8	6	3	2	7	9	1	4

Solution# 156

3	7	4	6	9	8	2	1	5
1	6	9	2	3	5	7	4	8
5	8	2	4	7	1	6	9	3
2	5	6	9	4	7	8	3	1
8	4	1	3	5	2	9	7	6
7	9	3	8	1	6	5	2	4
6	1	7	5	2	4	3	8	9
4	3	5	7	8	9	1	6	2
9	2	8	1	6	3	4	5	7

Solution# 157

3	6	1	5	4	2	9	8	7
8	5	2	7	9	1	6	4	3
7	9	4	6	8	3	2	5	1
1	8	6	9	3	4	7	2	5
5	7	3	2	1	6	4	9	8
2	4	9	8	5	7	1	3	6
4	1	7	3	2	8	5	6	9
9	2	8	1	6	5	3	7	4
6	3	5	4	7	9	8	1	2

Solution# 158

1	7	8	5	6	3	2	4	9
2	4	6	9	7	1	8	5	3
9	5	3	4	8	2	6	7	1
7	6	1	8	5	4	3	9	2
4	3	2	1	9	6	5	8	7
8	9	5	3	2	7	4	1	6
3	8	7	6	1	5	9	2	4
5	2	4	7	3	9	1	6	8
6	1	9	2	4	8	7	3	5

Solution# 159

7	3	6	1	9	8	5	2	4
2	9	1	7	4	5	6	3	8
4	8	5	3	6	2	9	7	1
1	6	7	9	5	3	4	8	2
3	2	4	6	8	7	1	9	5
8	5	9	4	2	1	3	6	7
6	4	8	5	7	9	2	1	3
5	1	2	8	3	6	7	4	9
9	7	3	2	1	4	8	5	6

Solution# 160

3	6	4	9	7	1	5	2	8
2	9	8	5	6	3	1	4	7
5	7	1	2	4	8	3	9	6
9	1	3	8	2	4	7	6	5
6	8	5	1	9	7	4	3	2
7	4	2	3	5	6	9	8	1
1	5	6	4	8	9	2	7	3
8	2	9	7	3	5	6	1	4
4	3	7	6	1	2	8	5	9

Solution# 161

7	2	3	5	9	8	1	6	4
4	9	6	1	2	7	8	3	5
8	1	5	3	6	4	2	9	7
5	6	1	4	7	2	3	8	9
9	8	7	6	1	3	4	5	2
2	3	4	9	8	5	7	1	6
1	4	9	7	3	6	5	2	8
6	7	8	2	5	1	9	4	3
3	5	2	8	4	9	6	7	1

Solution# 162

7	4	5	2	8	9	6	1	3
6	9	2	3	1	4	7	5	8
3	8	1	5	6	7	2	9	4
1	2	6	7	3	8	9	4	5
4	3	7	1	9	5	8	2	6
9	5	8	6	4	2	3	7	1
2	6	3	4	7	1	5	8	9
5	1	9	8	2	3	4	6	7
8	7	4	9	5	6	1	3	2

Solution# 163

3	8	2	4	6	7	1	5	9
5	9	1	2	8	3	6	4	7
6	7	4	1	5	9	8	2	3
1	6	8	7	4	5	9	3	2
9	4	5	3	2	6	7	8	1
7	2	3	8	9	1	4	6	5
8	1	7	5	3	4	2	9	6
2	5	6	9	7	8	3	1	4
4	3	9	6	1	2	5	7	8

Solution# 164

1	7	8	9	2	5	3	4	6
3	6	9	7	4	8	5	2	1
4	2	5	3	1	6	9	8	7
9	3	2	8	6	7	4	1	5
8	1	6	2	5	4	7	3	9
7	5	4	1	3	9	2	6	8
2	9	7	4	8	1	6	5	3
5	4	1	6	9	3	8	7	2
6	8	3	5	7	2	1	9	4

Solution# 165

7	1	9	4	6	3	2	8	5
8	2	6	1	9	5	7	3	4
4	3	5	2	8	7	1	6	9
5	9	3	6	1	8	4	7	2
1	7	8	3	4	2	9	5	6
2	6	4	5	7	9	8	1	3
9	5	7	8	2	6	3	4	1
3	8	1	9	5	4	6	2	7
6	4	2	7	3	1	5	9	8

Solution# 166

7	6	9	1	4	2	8	3	5
3	4	2	6	8	5	1	7	9
8	5	1	3	7	9	6	4	2
1	3	8	2	6	4	5	9	7
6	7	5	8	9	3	2	1	4
9	2	4	7	5	1	3	8	6
4	1	7	5	3	6	9	2	8
5	8	3	9	2	7	4	6	1
2	9	6	4	1	8	7	5	3

Solution# 167

5	7	2	9	3	8	1	6	4
8	6	3	4	1	2	5	7	9
9	1	4	5	6	7	3	8	2
3	4	7	6	8	5	2	9	1
2	8	5	7	9	1	6	4	3
1	9	6	3	2	4	7	5	8
4	3	8	2	7	6	9	1	5
6	2	1	8	5	9	4	3	7
7	5	9	1	4	3	8	2	6

Solution# 168

9	5	2	8	4	6	3	1	7
7	8	6	3	5	1	4	9	2
3	4	1	9	2	7	8	5	6
4	2	9	1	6	3	5	7	8
1	7	3	4	8	5	2	6	9
5	6	8	7	9	2	1	4	3
8	3	4	5	7	9	6	2	1
6	9	5	2	1	8	7	3	4
2	1	7	6	3	4	9	8	5

Solution# 169

3	1	9	5	6	7	4	2	8
4	6	8	2	9	3	7	1	5
2	7	5	1	4	8	9	6	3
9	3	4	7	2	6	8	5	1
8	2	7	3	5	1	6	4	9
1	5	6	9	8	4	3	7	2
5	8	1	6	7	9	2	3	4
6	4	2	8	3	5	1	9	7
7	9	3	4	1	2	5	8	6

Solution# 170

1	2	4	5	3	8	9	7	6
8	9	3	6	7	2	1	4	5
5	6	7	1	4	9	2	8	3
4	3	9	7	1	5	6	2	8
7	8	2	9	6	3	4	5	1
6	1	5	2	8	4	3	9	7
3	7	8	4	2	1	5	6	9
2	5	1	8	9	6	7	3	4
9	4	6	3	5	7	8	1	2

Solution# 171

8	1	7	6	9	4	3	5	2
5	6	9	2	1	3	4	8	7
2	4	3	8	5	7	9	1	6
9	2	4	3	7	8	5	6	1
1	3	8	5	6	9	7	2	4
6	7	5	1	4	2	8	9	3
3	9	1	7	2	5	6	4	8
4	8	2	9	3	6	1	7	5
7	5	6	4	8	1	2	3	9

Solution# 172

9	4	7	3	6	5	1	2	8
6	8	2	4	1	9	5	3	7
1	5	3	2	7	8	6	4	9
4	2	1	9	3	6	8	7	5
5	7	8	1	2	4	3	9	6
3	6	9	8	5	7	2	1	4
8	3	6	7	9	1	4	5	2
7	1	4	5	8	2	9	6	3
2	9	5	6	4	3	7	8	1

Solution# 173

8	5	1	9	2	4	6	3	7
4	3	2	7	1	6	9	8	5
6	9	7	5	8	3	1	2	4
9	1	8	6	5	7	2	4	3
3	7	6	2	4	8	5	9	1
2	4	5	3	9	1	8	7	6
5	2	3	4	6	9	7	1	8
1	6	4	8	7	2	3	5	9
7	8	9	1	3	5	4	6	2

Solution# 174

6	4	8	5	3	2	1	9	7
1	9	5	8	6	7	4	2	3
2	3	7	4	1	9	5	8	6
4	8	1	6	9	5	3	7	2
5	7	6	3	2	4	8	1	9
3	2	9	7	8	1	6	5	4
9	6	2	1	5	3	7	4	8
7	1	3	9	4	8	2	6	5
8	5	4	2	7	6	9	3	1

Solution# 175

4	3	5	8	7	2	6	1	9
1	2	6	4	3	9	8	5	7
9	8	7	6	1	5	3	2	4
2	5	9	3	6	4	7	8	1
6	1	3	7	9	8	5	4	2
7	4	8	5	2	1	9	6	3
5	7	4	2	8	3	1	9	6
8	6	1	9	4	7	2	3	5
3	9	2	1	5	6	4	7	8

Solution# 176

9	2	5	3	4	6	7	8	1
6	4	8	1	7	5	3	9	2
1	3	7	2	9	8	4	6	5
8	5	6	7	2	9	1	4	3
3	7	1	6	5	4	9	2	8
4	9	2	8	3	1	6	5	7
2	6	9	5	1	3	8	7	4
5	8	3	4	6	7	2	1	9
7	1	4	9	8	2	5	3	6

Solution# 177

3	1	4	9	5	8	7	2	6
8	9	7	2	6	1	5	3	4
5	2	6	4	3	7	1	9	8
2	5	3	6	8	4	9	1	7
1	4	9	5	7	3	8	6	2
7	6	8	1	9	2	4	5	3
6	8	1	3	4	9	2	7	5
9	7	5	8	2	6	3	4	1
4	3	2	7	1	5	6	8	9

Solution# 178

9	1	6	2	4	5	7	8	3
3	5	7	8	1	9	4	2	6
4	8	2	7	6	3	1	5	9
7	3	8	1	2	6	5	9	4
6	4	1	5	9	8	3	7	2
2	9	5	3	7	4	8	6	1
8	7	9	4	3	2	6	1	5
1	6	3	9	5	7	2	4	8
5	2	4	6	8	1	9	3	7

Solution# 179

7	9	5	1	4	2	3	8	6
3	1	2	8	6	5	4	7	9
8	6	4	9	3	7	5	1	2
4	5	9	3	8	6	7	2	1
2	3	8	7	1	9	6	4	5
6	7	1	2	5	4	9	3	8
9	4	3	6	2	8	1	5	7
5	8	7	4	9	1	2	6	3
1	2	6	5	7	3	8	9	4

Solution# 180

8	4	2	6	7	3	9	1	5
9	3	7	5	1	4	6	8	2
6	5	1	2	8	9	7	3	4
3	6	9	4	2	1	8	5	7
7	2	8	9	5	6	1	4	3
4	1	5	7	3	8	2	9	6
5	9	4	8	6	2	3	7	1
2	7	3	1	9	5	4	6	8
1	8	6	3	4	7	5	2	9